海域天然气水合物降压开采理论与技术

吕　涛　著

中国石化出版社
·北京·

内 容 提 要

本书系统调研了国内外水合物藏降压开采的研究现状与发展趋势，对海域水合物的成藏特征进行了梳理；提炼了其降压开采基础理论，总结了当前实验模拟研究的方法；深入分析了降压开采工艺及水合物藏类型对沉积物中水合物藏的降压开采特性与开采规律的影响机制，指出当前存在的关键问题，并给予展望。

本书可供海洋油气专业领域人员及从事天然气水合物开采研究的学者借鉴和参考，也可作为高等院校海洋油气工程专业研究生的参考资料。

图书在版编目(CIP)数据

海域天然气水合物降压开采理论与技术/吕涛著.—北京：中国石化出版社，2023.7
ISBN 978-7-5114-7157-4

Ⅰ.①海… Ⅱ.①吕… Ⅲ.①海洋-天然气水合物-采气-研究 Ⅳ.①TE375

中国国家版本馆 CIP 数据核字(2023)第 124962 号

中国石化出版社出版发行

地址：北京市东城区安定门外大街 58 号
邮编：100011 电话：(010)57512500
发行部电话：(010)57512575
http://www.sinopec-press.com
E-mail：press@sinopec.com
北京艾普海德印刷有限公司印刷
全国各地新华书店经销

*

710 毫米×1000 毫米 16 开本 11 印张 181 千字
2024 年 3 月第 1 版 2024 年 3 月第 1 次印刷
定价：68.00 元

前　言

伴随陆域石油天然气资源的不断消耗，深水水域已成为国际油气勘探开发的重要领域。海域天然气水合物资源储量极为丰富，对其进行及时有效开发，不仅能填补巨大的能源需求缺口，还可打破我国以煤炭、石油为主的资源禀赋，提高能源消费结构中天然气的占比，进而为“双碳”目标的实现奠定基础。因此，开展天然气水合物资源开采技术的研究对我国的资源利用与能源战略布局具有深远的意义。

目前各国政府机构均非常重视天然气水合物藏开采技术的研究，不仅在实验室进行了大量的模拟研究，还开展了数次天然气水合物藏试开采，最终发现多种开采方法中降压法颇具前景，其也在数次现场试采中得以验证。神狐海域作为我国天然气水合物藏勘探开发研究的重要战略与技术靶区，我国地质调查局分别于2017年及2020年在该区域成功实施了短期海域水合物藏直井和水平井降压试采工程，实现了“探索性试采”向“试验性试采”的重大跨越。

本书在系统调研国内外水合物藏降压开采研究现状与发展趋势的基础上，针对海域水合物成藏特征进行梳理，总结当前实验模拟研究方法，深入分析降压开采工艺及水合物藏类型对沉积物中水合物藏降压开采特性与开采规律的影响机制，指出当前存在的关键科学问题。全书共8章。第1章：总结了国内外天然气水合物室内实验及现场试采的研究现状，分析了未来水合物商业开采可能面临的难题及挑战；第2章：基于实验室研制的水合物三维模拟装置，提出了多次注水的方式用于规模性水合物藏样品的制备，结合压力、温度及电阻等参数，分析了多孔介质中甲烷水合物的生成特性；第3章与第4章：针对南海神狐海域水合物藏，实验研究了其在不同降压模式（单级降压、多级降压）的生产过程，分析了不同降压速率下水合物藏的生产特性；第5章：实验研究了水饱和及气饱和水合物藏的降压生产过程，结合多孔介质中气液两相流动机理对比分析了两者在生产过程中的产气产水规律及传热传质特性；第6章：数值模拟评估了南海神狐海域水合物藏较长生产周期内单直井降压生产情况，分析了下伏游离气对水合物藏生产的影响规律，研究了井间干扰对生产特性的影响机制以及人工隔板堵水技术在海域层系水合物藏开采中的适应性；第7章：实验研究了泥质粉砂中不同浓度富里酸及其在盐水环境下对天然气水合物生成分解特性的影响特征，分析了多孔介质中水合物生成分解时富里酸及 NaCl 的作用机理；第8章：对未来海域水合物藏降压开采研究提出了相关建议。

本书的出版得到“西安石油大学优秀学术著作出版基金”“陕西省自然科学基础研究计划（2023－JC－QN－0389）”与“中国科学院天然气水合物重点实验室开放基金（E129kf1501）”的联合资助。

由于编者水平有限，书中难免存在不足或疏漏之处，敬请各位同行和专家提出宝贵意见！

目　　录

1 绪 论

1.1 研究背景及意义

天然气水合物，也称甲烷水合物，标准状态下 $1m^3$ 天然气水合物分解可释放约 $164m^3$ CH_4 气体和 $0.8m^3$ 水。自然界中的天然气水合物分布广泛、储量丰富，全球已探明储量可达传统化石能源总量的 50 倍，总有机碳含量保守估计为所有已知化石燃料（石油、天然气和煤）的 2 倍，其中可利用 CH_4 含量为 $2500\times10^{12}\sim20000\times10^{12}m^3$。因此，天然气水合物被认为是传统化石燃料具潜力的替代品之一。作为一种优质、洁净能源，可能会在未来能源结构中占据重要地位，甚至在 21 世纪成为人类重要的能源之一。

目前各国政府机构均非常重视天然气水合物藏开采技术的研究，不只在实验室内进行了大量的相关模拟研究，还开展了数次天然气水合物藏试采，试图寻求最优的水合物藏开采技术，最终发现多种天然气水合物藏开采技术中降压法颇具前景，该样本方法也数次在水合物藏试采中得到验证。例如，2002 年加拿大 Mallik 地区的第一次冻土区水合物藏试采，尝试了热激法开采，生产效果较差，仅产出了数百立方米的天然气；2008 年进行了一次规模性降压试采，短短的 139 小时内产气量约为 $13000Nm^3$。2012 年美国对 Alaska 北坡冻土区水合物藏进行了 CO_2-CH_4 置换法试采，6 周累积产气量仅为 $24085Nm^3$，产气效果也不理想。2013 年日本在 Nankai Trough 东部进行了首次深海天然气水合物藏降压试采，仅仅 6 天内产气量达 $119500Nm^3$，日均产气量达 $20000Nm^3$，随后于 2017 年进行了第二次深海天然气水合物试采，持续开采 24 天，累积产气量为 $240000Nm^3$。此外，2017 年我国针对南海神狐海域极具挑战性的泥质粉砂型天然气水合物藏成功实施了降压开采，60 天内累积产气量为 $30.9\times10^4Nm^3$，最高日产量可达 $3.5\times10^4Nm^3$，首次实现了天然气水合物连续稳定、安全可控试采。以上冻土区及海域天然气水合物的成功试采经验均证实了降压法是理想的开采方式之一。

近年来，俄罗斯、美国、加拿大、日本、中国等国家均已陆续开展了天然气水合物藏降压试采，国内外学者也通过大量实验及数值模拟的研究方式在水合物藏降压开采方面取得了不菲的成果。但目前在水合物藏降压开采方面尚有许多问题不明确，有待进一步研究、探讨，如水合物藏降压开采时应采取何种降压方案，降压速率是否会影响水合物藏的生产、水饱和及气饱和水合物藏降压开采的生产差异及实际水合物藏开采过程中二次水合物生成规律等。同时实验室内模拟仍存在些许不足之处，如水合物生成体系非海水环境、实验过程中制备的水合物藏样品往往存在较多自由气等。相比于野外水合物藏具有试采周期长、花费高及风险大等缺点，室内实验模拟及数值模拟始终是国内外天然气水合物藏降压开采研究的主要手段，也是未来天然气水合物藏商业开采的前提条件和重要参考。此外，开展天然气水合物资源开采技术的研究对我国的资源利用与能源战略布局具有深远的意义。为此，采用实验和数值模拟相结合的方法，针对我国南海神狐海域开展了不同降压模式、不同降压速率及不同类型水合物藏的降压开采模拟，探讨了游离气及垂直井网中井间距对水合物藏降压生产规律的影响，研究了沉积物中有机质在盐水环境下，对二次水合物形成分解的影响机制，以期为我国南海天然气水合物的开采提供一定的理论及技术支持。

1.2 国内外研究现状综述

1.2.1 天然气水合物简介

天然气水合物是水分子与 CH_4、C_2H_6、CO_2 及 H_2S 等小分子气体在低温高压条件下形成的白色类冰状晶体(可直接燃烧，俗称可燃冰)，属于一种非化学计量包络化合物。其中水分子间在氢键的作用下互相结合形成笼形孔穴，气体作为客体分子则在范德华力的作用下被填充其中，故又称笼形水合物。实际水合物中笼子占有率一般为 0.9 ~ 0.95，通常会有小部分笼子空闲。天然气水合物晶体结构主要有立方体心结构Ⅰ型、菱形立方结构Ⅱ型、六方结构 H 型三种，自然界中形成的水合物藏多为结构Ⅰ型水合物，如 Mexico 湾、韩国 Ulleung 海盆、日本 Nankai Trough、中国南海等。天然气水合物的结构主要取决于气体分子的大小及赋存沉积层中的温度、压力等因素。Kvenvolden 统计了世界各地的天然气水合物样品，发现大部分地区天然气水合物藏中的 CH_4 为生物成因气，全球仅有 Mexico 湾和 Caspian 海等少数地区水合物藏中的烃类为热成因气。

天然气水合物的主要研究历程为：Davy 于 1810 年在伦敦皇家实验室首次合成了氯气水合物；1934 年 Hammerschmidt 首次证实了天然气管道中甲烷水合物的存在；Van de Waals 和 Platteeeuw 于 1959 年建立了气体水合物特性的热力学模型；1965 年 Makogon 于苏联西伯利亚油气田首次发现天然气水合物，同时预测自然界中存在大量的气体水合物。随后世界各国相继开展了多次天然气水合物藏勘探与开发项目，如美国的深海钻探计划(DSDP)、大洋钻探计划(ODP)和综合大洋钻探计划(IODP)，韩国政府启动了“天然气水合物十年开采计划”，日本启动了天然气水合物开发计划，中国针对南海神狐海域水合物藏也部署了相关重大专项计划。截至目前，全球已发现 220 多个潜在的水合物存在区域，其中最受关注的海底天然气水合物藏主要有：美国 Mexico 湾、韩国 Ulleung 海盆、日本 Nankai Trough、印度 Andaman 海、中国南海神狐海域、Bering 海峡、Trinidad 沿海和 Tobago 等，永久冻土区天然气水合物藏则有美国 Alaska 北坡、加拿大 Mackenzie 三角洲、俄罗斯西伯利亚 Messoyakh 气田、中国青海祁连山永久冻土区等。图 1.1 所示为 2020 ~ 2035 年中国深海水合物开发理论与技术路线图。

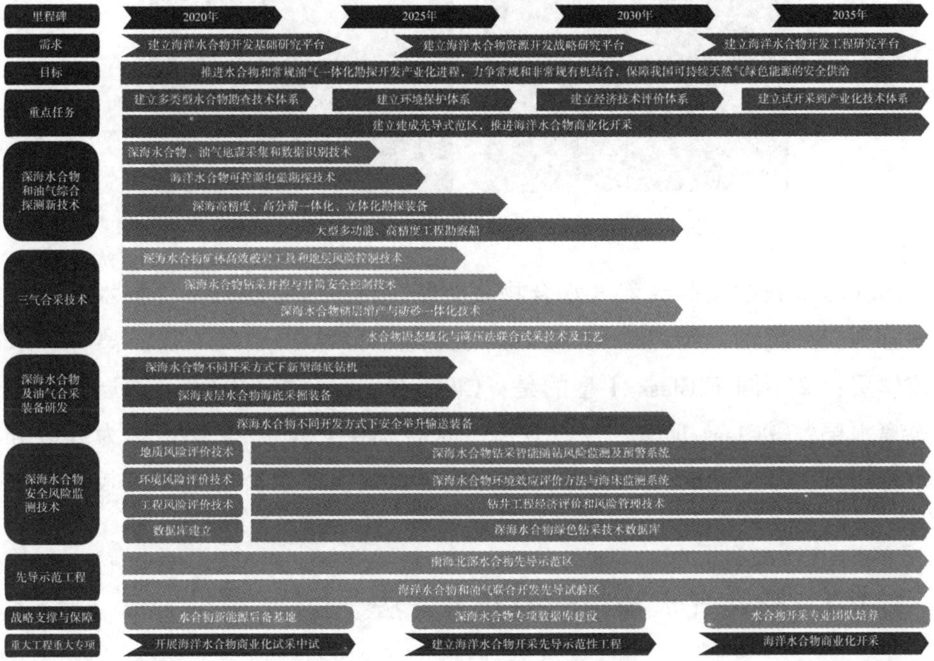

图 1.1 2020 ~ 2035 年中国深海水合物开发理论与技术路线图

结合已探明水合物试点，发现天然气水合物广泛分布于水深为300~4000m深海沉积层、水深100~250m以下的近海大陆边缘地带及地表下130~1100m深的高纬度大陆地区永久冻土带，其主要以分散状、节状、脉状及块状等形态赋存于沉积物中。由图1.2可以看出，自然界中天然气水合物的不同赋存形态，相比于海底沉积物，永久冻土区的天然气水合物资源分布较少，仅占全球天然气水合物资源的1%左右。

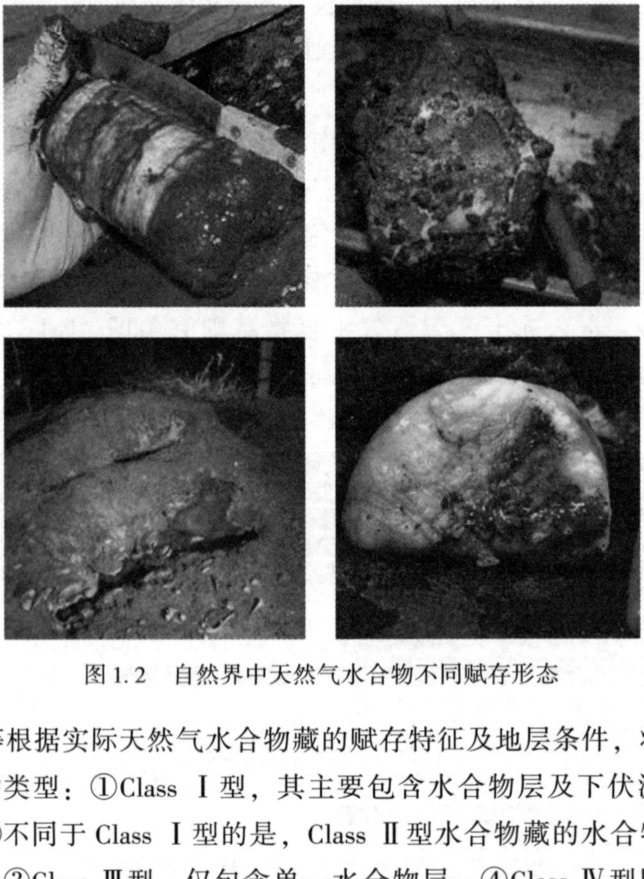

图1.2　自然界中天然气水合物不同赋存形态

Moridis等根据实际天然气水合物藏的赋存特征及地层条件，将水合物藏大致划分为四种类型：①Class Ⅰ型，其主要包含水合物层及下伏游离气、水两相流体层；②不同于Class Ⅰ型的是，Class Ⅱ型水合物藏的水合物层下部仅包含游离水层；③Class Ⅲ型，仅包含单一水合物层；④Class Ⅳ型则为分散分布的水合物藏，不存在明显的边界，这类水合物藏往往水合物饱和度较低，难以开采。

1.2.2　天然气水合物藏的开采方法

常规天然气藏中天然气是以气态或液态的形式赋存于低渗透沉积盖层封闭区

域，天然气水合物则以固态形式被封存于深海沉积层或永久冻土区，水合物分解需要从外界摄取大量热量(潜热 54.7kJ/mol)，因此常规天然气水合物藏的开采与传统的天然气略有不同。目前形成开采天然气水合物较为统一的观点为“先分解再开采”，即先通过一定技术手段打破沉积层中天然气水合物稳定存在的相平衡条件促使天然气水合物分解为气体 CH_4 和液态水，然后通过井管将分解的天然气水合物输送至地面。天然气水合物开采方法主要有热激法、化学抑制剂法、CO_2 置换法、降压法，不同开采方法原理如图 1.3 所示。

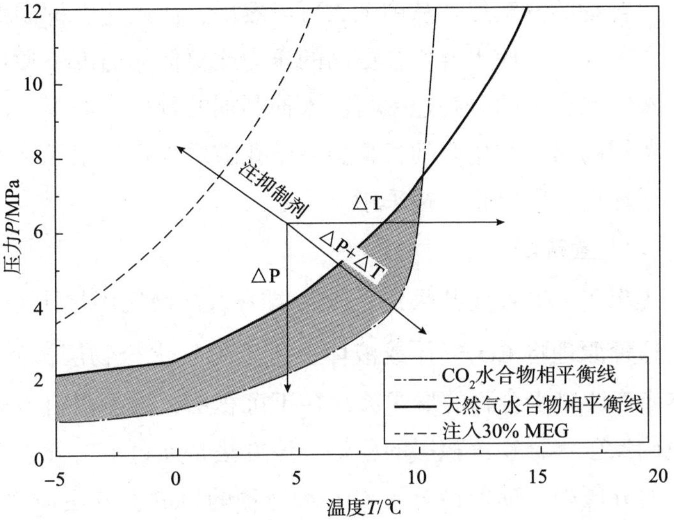

图 1.3　天然气水合物开采方法原理(据文献 37 修改)

1.2.2.1　热激法

热激法是通过注入井管向水合物层注入热量(热蒸汽/热水/热盐水)提升水合物层的温度至相平衡分解温度以上，从而达到天然气水合物分解的目的。根据注热方式的不同，可将其大致分为热水循环、井壁加热及热吞吐三种。天然气水合物的热导率与水的极为相似，一般为 0.45～0.55W/(m·K)。该方法需要将热水或载热流体通过井管注入海底水合物沉积层或永久冻土区水合物储层，沿途热量损失较大，这也是热激法效率低的主要原因，其还可能会引起沉积层力学性质的变化。Cranganu 提出了一种天然气水合物井底原位加热法，通过注入少量天然气至井底燃烧装置中直接燃烧加热水合物层进行水合物开采，注入天然气与开采天然气为同一井管，避免了注入井、开采井双井结构的花费。陈朝阳等提出了一种新型高效海底水合物开采方法，即水合物法海底原位制备热盐水开采法，该方法利用水合物生成放出的热量及水合物的"排盐效应"生成热盐水，从而达到水合物分解的目的。不同于传统的热激法，该方法避免了热量从海面运移到海底的热损失，显著提高了能源效率，同时热力学抑制剂热盐水的使用也可有效地降低水合物的分解温度，但也存在水合物生成速率低、热扩散慢等缺点。

1.2.2.2 化学抑制剂法

化学抑制剂法是将某些特定的化学抑制剂(甲醇、乙醇、乙二醇和盐水等)注入水合物沉积层，打破水合物稳定存在的相平衡条件，促使水合物分解，化学抑制剂会降低水合物的分解热。从图 1.3 可以看出，注入化学抑制剂会导致水合物相平衡线向左上移动，使水合物在更高的压力或更低的温度下便可以分解。一般情况下，天然气水合物的分解速率与注入抑制剂的种类、浓度、注入量等因素有关。由于其费用高昂、作用时间长且会由于孔隙水稀释作用导致效果变差，同时还会危害地层环境，所以很少被采用。

1.2.2.3 CO_2置换法

Ohgaki 等提出了 CO_2置换开采法，因为 CO_2水合物比甲烷水合物易于生成，该方法则利用这种原理将 CO_2气体或液体注入天然气水合物层，使水合物分解，同时 CO_2气体或液体以水合物的形式被封存于沉积层，这不仅有效处理了 CO_2气体的排放，也确保了水合物沉积层的稳定。该方法是通过 CO_2分子降低气相或液相中 CH_4分子的分压以达到置换分解 CH_4水合物的目的，其实质也属于降压法。同时 CO_2水合物的生成释放热量大于天然气水合物分解所需热量，但其在很大程度上受制于储层渗透率，且生成的 CO_2水合物易堵塞流通通道，使开采速率降低，随着 CO_2的注入，部分 CO_2溶于海水，会引起海水酸化，破坏海洋的生态稳定性。如 2012 年美国康菲石油公司等在 Alaska 北坡进行了 CO_2置换开采试验，6 周累积产气量仅为 24085Nm^3。

1.2.2.4 降压法

降压法是利用潜水电泵等抽取水合物沉积层中的孔隙流体或下覆游离气，降低天然气水合物层压力至该区域温度对应的水合物相平衡压力以下，水合物吸收周围地层热量，分解为水和 CH_4，分解的 CH_4 最终被回收至海面平台以供人们使用。根据降压方式的不同，降压法可分为一次性直接降压法、阶梯型降压法及脉冲式(间歇型)降压法等。该方法简单易行，水合物分解所需能量主要来源于周围地层传热及水合物沉积层显热，且其被公认为是目前有效可行的方法之一。如

Selim 和 Hong 等指出只要水合物藏的热力学条件有利于热量传递，降压法开采天然气水合物藏是非常有前景的；Konno 等研究结果表明，降压法是最经济可行的开采方法；2008 年 3 月，加拿大、日本等国家联合在 Mallik 地区成功实施了持续 6 天的降压法试采；2013 年 3 月日本在 Nankai Trough 东部进行了首次深海天然气水合物藏降压试采；2017 年 5 月，我国在南海神狐海域针对泥质粉砂型水合物藏，采用降压法成功实施了天然气水合物藏试采。

1.2.3 天然气水合物藏降压开采涉及的关键过程

天然气水合物藏开采是一项复杂的系统工程，在降压开采过程中，水合物藏的地质特征、渗流特性、传热特性以及水合物饱和度的变化均会对开采过程中水合物分解、运移和气体收集产生重要的影响。天然气水合物藏降压开采涉及的关键物理化学过程如图 1.4 所示，包括水合物形成分解、相态变化，分解气体、液体、砂在分解前沿流向开采井的多相渗流、热质传递，以及由于水合物分解导致的储层结构变化、储层变形破坏、产砂等过程，这些过程相互影响、相互制约。

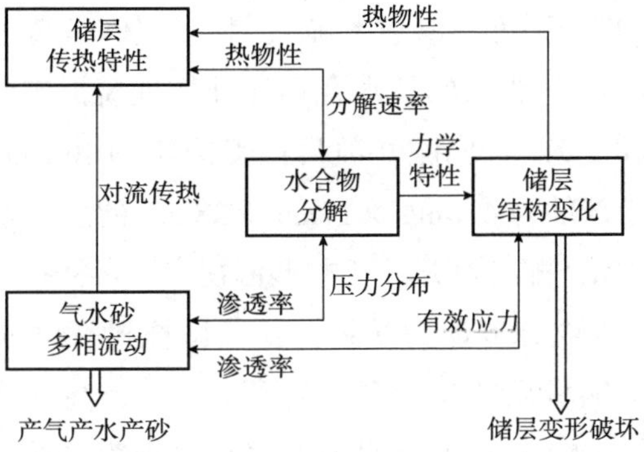

图 1.4 天然气水合物开采关键过程关联图

地层传热特性、渗透率和地层成岩特征及稳定性是评价水合物藏降压开采适应性和影响降压法开采效率的主要因素。水合物藏在降压分解过程中，水合物分解所需热量主要由周围地层通过热传导或地层流体渗流传热的方式提供，一旦地层传热量不足，便会由水合物层温度降低产生的显热供给水合物分解所需的热量，导致水合物层温度显著降低，这时极易造成井底及水合物层中“二次水合物”和冰的形成。水合物藏的渗透率对降压开采影响较大，对于低渗透率水合物藏来说，水合物分解气液混合物在水合物分解区渗流阻力大、渗流缓慢，同时水合物周围盖层及未分解区渗流传热速率低，从而降低水合物藏的降压开采速率，前人模拟祁连山冻土区低渗透水合物藏，结果显示回收率仅为2.3%。相反，对于高渗透率或浅埋藏的水合物藏，降压开采则会导致产水量明显增加，显著提高降压成本，甚至无法实现降压目的。降压开采一般适用于成岩型圈闭盖层的中-粗砂质水合物藏，对于非成岩的泥质粉砂岩型水合物藏，降压开采过程中容易造成井壁或水合物藏地层坍塌、变形和大量泥砂产出，导致塌、堵和漏等安全事故。

1.2.4 天然气水合物藏降压开采实验模拟

实验装置作为天然气水合物藏室内模拟不可或缺的基础条件，受到了国内外的高度重视。目前国内外建立的比较完善的实验装置，普遍向大尺度、耐低温耐高压、高度可视化、测试手段多样化且精度高等方向发展。

1.2.4.1 国内外实验装置

美国国家地质调查局结合矿场理论搭建了天然气水合物和沉积物的试验装置GHASTLI，通过遥感技术的应用可直接在仪器内测量水合物各项性质(声波特性、电阻、温度、压力、剪切强度、渗透率等)，装置主体是高度为140mm、直径为70mm的高压圆柱容器，作为天然气水合物地球物理模拟实验尖端设备，已被成功应用于加拿大Mallik 2L-38探井项目；美国纽约Brookhaven国家实验室的FISH模拟器，其核心部件为410mm×17mm×28mm的反应釜，材质为316不锈钢，最大承压为20MPa，配有对开的长方形可视窗，可模拟人工合成或海底沉积物中天然气水合物的生成分解动力学特性；美国橡树脊国家实验室的SPS模拟器，主体为镍高合金钢材质的反应釜，容积为72L，高度为0.9114m，内径为0.3175m，最高耐压20MPa，同时釜身布有多个可视窗，随后又加装了光纤分布测温系统，精度为0.1K，可模拟2km水深天然气水合物的形成分解过程及相关因素对水合物稳定特征的影响。德国国家天然气水合物研究中心的LARS水合物模拟器，该装置内径为600mm，高度为1500mm，体积为425L，最高可耐压25MPa，沉积物样品填充在不锈钢反应釜内的氯丁橡胶夹套中，配有围压系统，可用来模拟地层稳定条件，同时，其反应釜中装有功率为6kW的加热装置，可进行CH_4原位催化燃烧热激法及CO_2置换法开采水合物藏实验。韩国汉阳大学Sung等建立了可观察多孔介质中水合物压力和阻力变化的实验管，改进之后可用来进行多孔介质中天然气水合物的合成分解实验。日本先进工业科学技术国家研究所(AIST)的实验设备 HiGUMA 水合物模拟器，该装置内径为 1000mm，高度为 1500mm，体积为 1710L，为目前国际上最大的天然气水合物藏开采模拟设备，重达 9900kg，最高设计压力为 16.5MPa。反应釜中心布置有一根长度为 1000mm、直径为 100mm 的开采直井，且井上均匀布有 32 个射孔。在反应釜壁和釜底分别布有 19 个和 50 个测点，用于测量气、水温度及压力等数据。反应釜温度可以控制在 -5 ~ 20℃，可以较好地模拟 Nankai Trough 储层条件，且为日本 Nankai Trough 第一次海底试采提供了重要的依据。中国科学院广州能源研究所的 PHS(117.8L)、CHS(5.832L)模拟装置，分别布有 49×3 个和 25×3 个温度和电阻测点，可进行多孔介质中天然气水合物的生成和降压、加热、注化学剂等多种分解实验，同时，反应釜中分别布有多个直井和水平井，可进行单井或多井联合等复杂井网的开采模拟，已被成功用于模拟中国南海神狐海域水合物藏降压、注热等开采研究；中国石油大学的大规模天然气水合物实验模拟装置，其体积为 196L，反应釜内分别布有 30 个温度传感器、电阻探测电极及 16 对声偶极子，可承压 32MPa，该装置可以用来模拟海底沉积层地温梯度 3 ~ 6K/100m 的储藏环境。此外，大连理工大学水合物模拟装置主体为不锈钢材质、容积 5L 的反应釜，内径为 300mm，高度为 70mm，耐压 20MPa，其内部装有可移动活塞，以压实填充介质或调整反应釜的有效容积。

1.2.4.2 降压开采实验

为了探究天然气水合物分解机理及规律，不少学者进行了一系列多孔介质中天然气水合物藏的降压开采模拟实验。Zhao 等采用二维水合物实验装置测定了降压开采过程中水合物压力、温度分布、气体饱和度的变化，结果表明降压幅度越大，开采压力越低，产气速率增大，水合物沉积层也越不稳定，因为水合物开采过程主要受流动因素及传热传质因素的控制，一旦开采压力过低，使井内气流速度过大，在“焦汤效应”的影响下，可能会导致井底或井壁生成二次水合物堵塞管道，同时压力过低会使产水速率也相应增大，气液比减小，从而降低开采效率。李小森等研究了 281.15K 下多孔介质中天然气水合物在开采压力为 4.5MPa、5.0MPa、5.6MPa 时的产气特征，结果表明产气过程主要受降压幅度及环境温度的影响，又通过实验得出降压开采后期，可用于水合物分解的显热消耗殆尽，水合物分解速度会变得非常缓慢，即降压开采时对传热传质过程具有显著的影响。Sun 等测试了不同温度、压力条件下，天然气水合物藏降压开采时的分解动力学特性，得出当水合物在冰点(273.2K)以下分解时，主要受气体扩散的影响，且由于“自我保护效应”的影响，分解速率会显著降低，甚至会在分解区域与未分解区域间出现结冰形成不可渗透层，阻止水合物的进一步分解。研究结果表明，水合物在冰点以下分解时，气体回收率会相对提高，这可能是由于冰的形成强化了传热效果的缘故。同时水合物藏特征，如渗透率、饱和度、下覆自由水、沉积物特征等也会显著影响水合物降压分解特征。Heeschen 等在实验室模拟了 Mallik 地区高饱和度水合物藏(90%)阶段性降压试采过程，并与实际试采数据进行了对比，结果显示两者产气产水差异较大，主要是因为水合物藏开采时，随着水合物的分解，周边自由水会补充到孔隙中，与气体混合阻碍流体流通，实验室模拟时则没有自由水补充，导致实验室模拟开采后期产水较少甚至不产水。Konno 等利用 HiGUMA 水合物模拟器评价了砂质水合物藏在不同降压方式及降压幅度下气体的回收率，结果表明降压至四相点以下通过冰的形成放热可以促进水合物藏气体回收。

1.2.5 天然气水合物藏降压开采数值模拟

由于天然气水合物藏试采存在周期长、花费高、风险大等缺点，而实验室模拟又受到规模较小、实验周期长等限制，相比来说，数值模拟则可以快速便捷地在实验室模拟矿场尺度的水合物藏试采情况，具有周期短、风险低、投资少的优势。

1.2.5.1 降压开采的数学模型

目前普遍认为水合物降压开采过程为水合物本征分解动力学、传热传质、多相流动等三种主要控制过程的耦合，其相关的数值模型主要借鉴传统石油开采、地下水渗流等领域的理论及模型，将质量、能量守恒定律、多相渗流达西定律与水合物相平衡及分解动力学方程相结合描述天然气水合物降压开采过程。如 Kim 认为水合物分解速率与颗粒表面积、逸度差等动力学参数密切相关，Kim - Bishnoi 模型中定义逸度差为水合物分解驱动力，忽略了传热传质对水合物分解的影响，将水合物分解视为颗粒晶格破坏及气体解吸两个过程，如下式：

$$-\frac{\mathrm{d}n_{\mathrm{H}}}{\mathrm{d}t}=k_{\mathrm{d}}A_{\mathrm{S}}(f_{\mathrm{e}}-f) \tag{1.1}$$

式中，分解速率 $-\mathrm{d}n_{\mathrm{H}}/\mathrm{d}t$ 与颗粒表面积(A_{S})，平衡状态下气体逸度(f_{e})与颗粒表面逸度(f)之差成正比，结合实验数据估算出水合物分解速率常数(k_{d})为 $1.24\times10^{5}\mathrm{mol/m^2\cdot Pa\cdot s}$。

Makogon 则认为水合物分解速率主要受水合物藏传热传质与对流换热影响，而不是动力学过程。Holder 和 Angert 提出了第一个天然气水合物藏降压开采模型，模型中假设水合物分解发生在上部水合物与下部游离气界面处，建立了上部水合物与下部游离气界面的热平衡。Selim－Sloan 模型中将水合物的分解过程视为定热流下水合物移动边界(分解边界)的消融问题。Jamaluddin 结合 Kim－Bishnoi 及 Selim－Sloan 模型提出了首个同时考虑传热及本征分解动力学的水合物分解数学模型：

$$q_s = k\left(\frac{\partial T}{\partial x}\right) + \rho_H M_H \lambda \frac{dS}{dt},\ x = S(t),\ t > t_{in} \tag{1.2}$$

$$\frac{dS}{dt} = -\psi K_0 e^{-E/RT_S}(f_S - f_\infty),\ S(t_{in}) = L \tag{1.3}$$

式中，q_s为热通量，W/m^2；k 为热导率，W/(m·K)；ρ_H为水合物密度，kg/m^3；M_H为水合物物质的量，mol；λ 为水合物分解潜热，kJ/mol；S 为水合物层厚度，m；t 为任意分解时刻，s；x 为分解前缘距开采井的距离，m；$(f_S - f_\infty)$为溶液相与水合物界面处气体的逸度差；ψ 为无量纲表面粗糙度因子；K_0为常数；E 为活化能，kJ/mol；R 为气体常数，取值为 8.314J/(K·mol)；T_S、t_{in}为分解面绝对温度及初始系统温度，K；L 为水合物藏长度，m。

随后 Clarke 和 Bishnoi 进一步优化了其中的动力学参数。Yousif 首次在水合物藏降压分解模型中结合达西定律分析了水合物分解过程中气液流动状况，模型中考虑了渗透率及孔隙率的变化，且计算结果与实验结果吻合良好。Tsypkin 采用一维多相模型描述了水合物藏中水、气的迁移运动。Ji 等建立了有关气体压力分布的连续性方程，考虑了水合物区和分解区的能量守恒及分解前缘的气体质量守恒。Hong 等建立了一个简略的多孔介质中水合物藏降压分解模型，模型中将分解区传热、水合物分解动力学及气液两相流视为水合物分解的三种主要控制机制。Ahmadi 改进了 Makogon 模型中的能量方程，在轴对称模型中考虑了水合物分解前缘区域的能量与质量守恒，更准确地描述了水合物的分解过程，分解前缘区域的能量、质量守恒方程定义为：

$$v_1(X,\ t)\rho_1(X,\ t)C_p T_1(X,\ t) - v_2(X,\ t)\rho_2(X,\ t)$$

$$C_p T_2(X,\ t) - K_1 \partial\ T_1/\partial\ x_{x-X} + K_2 \partial\ T_2/\partial\ x_{x-X} = \Delta H\, \dot{m}_h \tag{1.4}$$

$$\rho_1 v_1(X,\ t) - \rho_2 v_2(X,\ t) = -[\varepsilon\beta\rho_3 - (1-\alpha)\rho_1]\varphi dX/dt \tag{1.5}$$

式中，v_n为气体流速，m/s，$n=1$，2，分别为气相或水合物相；ρ_n为气体密度，kg/m^3；K_n为导热系数，W/(m·K)；C_P为气体定压比热容，J/(kg·K)；T_n为温度，K；ΔH 为单位水合物分解热，kJ/mol；m_h 为单元面积的分解速率，mol/m^2；ε 为水合物中气体质量分数，%；β 为水合物饱和度；α 为热扩散率，

W/(m · K);φ 为孔隙度；dX/dt 为分解前缘的移动速度，m/s。

Sun 等提出了一个三维非等温连续尺度模型，模型中考虑了四个组分(水合物、CH_4、水、盐)、五相(水合物相、气相、液相、冰相及盐相)，在能量方程中引入了水合物反应焓变，如式(1.6)所示。不同于 Moridis 的是，Sun 等将离散质量方程中的未知量作为基本变量(压力、温度、相饱和度等)，采用基本变量转换法明确跟踪了液态水与固态冰间的相变过程。

$$\frac{\partial}{\partial t}(\varphi U) + \nabla \cdot \bar{F}^e = -q^e \tag{1.6}$$

式中，φ 为多孔介质的孔隙度；U 为单元体积内能，J；$\bar{F}^e$ 为热流量，W；q^e为热源，W/m^2。

Oyama 在水合物藏降压分解理论模型中考虑了传热传质及化学平衡偏离的影响，根据降压分解过程与相平衡的偏离将水合物分解划分稳定降压、降压分解、定压分解及分解结束 4 个阶段。Oyama 还将水合物分解过程视为正(生成)、逆向(分解)化学平衡反应，式(1.9)为水合物整体分解速率常数(k_{overall})：

$$MH \underset{k_b}{\overset{k_f}{\Leftrightarrow}} CH_4 + h_w H_2O \tag{1.7}$$

$$k_f \approx \varphi \frac{Q_{\text{around}}}{\Delta H(T_C)} \times \frac{1}{[MH]_{C_0}} \tag{1.8}$$

$$k_{\text{overall}} = \varphi \frac{Q_{\text{around}}}{\Delta H(T_C)} \times \frac{1}{[MH]_{C_0}} \left[1 - \left(\frac{z_B T_B P_C}{z_C T_C P_B}\right)^{h_w+1}\right] \tag{1.9}$$

式中，k_f、k_b为正、逆向反应速率常数；h_w为水合指数，取值为6；φ 为周围环境传热 Q_{around} 中用于水合物分解的占比；$\Delta H(T_C)$ 为水合物分解潜热，kJ/mol；$[MH]_{C_0}$ 为初始水合物物质的量，mol。

此外，国内中国海洋石油研究中心建立了适用于水合物藏开采中多相态的三维降压开采模型，但仅考虑了降压开采方式。中国科学院广州能源研究所以多孔介质内传热、流动基本模型为核心模块实现了对天然气水合物藏在地质条件下分解过程的模拟，忽略了气在水中的溶解及重力作用的影响。中国石油大学(华东)在黑油模型的基础上，建立了三组分降压开采数学与数值模型，可以用于简便快捷描述水合物藏开发的主要规律，但未考虑开采中多相态分布情况。

目前多数水合物藏的分解理论及模型研究均进行了一定的简化，侧重于对某一种或几种控制机理的研究，这些模型由于缺乏有效的水合物物性参数而难以应用，特别是水合物降压分解动态变化情况下，多孔介质的多相渗流参数、热物性参数以及分解动力学参数均难以有效获得。

1.2.5.2 天然气水合物藏数值模拟器

尽管迄今为止国内外关于 NGH 开采数学模型的文献报道较多，但商业化的 NGH 模拟器却较少，国际上比较著名的主要有美国劳伦斯 - 伯克利国家实验室（LBNL）的 TOUGH + HYDRATE、日本国家先进工业科技研究院（AIST）的 MH - 21、加拿大计算机模拟软件集团 CMG 公司的 STARS 及太平洋西北国家实验室（PNNL）的 STOMP - HYD，其中 TOUGH + HYDRATE 和 MH - 21 是较成熟且应用较广泛的两种模拟器。

TOUGH + HYDRATE 是 Moridis 等在地下水模拟软件 TOUGH2 中添加了 EOSHYDR 模块，考虑了水合物形成分解的相平衡和动力学模型，气相的 Klinkenberg 效应和分子扩散及冰相的存在，相对完整地描述了水合物分解开采机理。随后 LBNL 的华裔科学家 Zhang keni 优化开发了并行版的 TOUGH + HYDRATE 软件，大大提高了运算效率。Moridis 等采用该模拟器模拟加拿大 Mallik 地区水合物藏降压开采，结果显示水平井开采的效果优于直井，模拟韩国 Ulleung 盆地海底水合物藏降压开采可行性，分析结果显示该水合物藏适合开采，但产气速率一般。李小森等利用 TOUGH + HYDRATE 模拟了我国南海神狐海域 SH7 站位水合物藏降压开采，结果显示水合物层及盖层的渗透率特征是制约水合物藏开采的关键因素；对我国青海祁连山冻土区 DK - 3 井天然气水合物藏降压开采模拟结果表明，产气量及产气速率均较低。MH - 21 是由东京大学研发、日本 AIST 机构修改完善的一种集水合物相平衡、动力学及渗透率三种模型于一体的水合物数值模拟器，考虑了水合物及冰生成放热分解吸热的效应，可以较充分地模拟水合物开采过程中多组分多相态分布情况，已被成功应用于日本 Nankai Trough 海底水合物试采模拟与分析。Konno 等通过 MH - 21 对日本 Nankai Trough 水合物藏进行了降压开采模拟，结果显示较高渗透率（1 ~ 10mD）水合物藏更有利于降压开采及提高开采能源效率。

1.2.6 全球天然气水合物藏试采

天然气水合物藏试采是水合物藏商业开采评价的必需步骤之一，同时也可为实验模拟及数值模拟提供有力的数据支撑，验证和优化实验及数值模拟结果。目前国内外仅开展了10次天然气水合物藏试采，主要涉及的水合物藏有俄罗斯Messoyakha气田、美国Alaska北坡、加拿大Mallik地区、日本Nankai Trough、中国祁连山冻土区及中国南海神狐海域，其中冻土区5次、海域5次，如表1.1所示。

表1.1 全球天然气水合物藏试采成果

区域	位置	储层特性	试采年份	方法	时间	产气量/Nm^3
Messoyakha	俄罗斯	冻土区砂砾层；渗透率为$125\times10^{-3}\mu m^2$，饱和度为40%，孔隙度为16%~38%	1972~1989	降压、注化学剂	断续生产17a	36%来源于水合物分解气
Mallik site	加拿大Mackenzie River Delta	冻土区砂砾层；渗透率未知，饱和度为47%，孔隙度为29.3%	2002	注热盐水、降压	125h	516
			2007	降压、注热	12.5h	830
			2008	降压	139h	13000
Ignik Sikumi	Alaska北坡	冻土区砂砾层；渗透率为$1700\times10^{-3}\mu m^2$，饱和度为60%~75%，孔隙度为40%	2012	CO_2置换法 CO_2/N_2（23%/77%）	6w	24085
Margin of the Daini	日本Nankai Trough	海洋中粗砂储层；饱和度为60%，渗透率为$1\mu m^2$	2013	降压	6d	119500
			2017（1次）	降压	12d	35000
			2017（2次）	降压	24d	240000
神狐海域	中国南海北部	非成岩泥质粉砂储层；渗透率为0.2×10^{-3}~$20\times10^{-3}\mu m^2$，饱和度为30%~50%	2017	降压（地层流体抽取法）	60d	
			2017	固态流化法	—	81

1.2.6.1 俄罗斯Messoyakha气田

Messoyakha天然气水合物藏位于俄罗斯西伯利亚盆地西部，区域面积为$19.5\times12km^2$，水合物层厚度达84m。该区域水合物藏是由天然气层与水合物层结合而成的天然储藏，天然气储量约为$8\times10^{10}m^3$，纯度为92.5%~99.0%。1969年开始第一次降压试采，截至目前，累积产气量为$12.9\times10^9Nm^3$，其中约有$5.4\times10^9Nm^3$是由于气田上部的天然气水合物层分解产气。Messoyakha天然气田是全球第一个天然气水合物实际开采的气田，尽管存在较多争议，但是经过长期的实际开采证明通过降压法开采天然气水合物是切实可行的，为全球天然气水合物实现经济有效可行的长期商业开采提供了重要的依据。

1.2.6.2 美国 Alaska 北坡

美国 Alaska 北坡是一个重要的永久冻土区天然气水合物藏开采试点，存在大量具有商业开采利用价值的天然气水合物藏，该地区水合物藏下部有大量下伏游离气的存在，天然气储量约为 $1.0\times10^{12}\sim1.2\times10^{12}m^3$。2007 年采用裸眼井筒进行了为期 22 天的多种方法试采实验。2008 年美国康菲石油公司（Conoco Phillips）联合卑尔根大学对 Ignik Sikumi 天然气水合物藏试点进行了 CO_2-CH_4置换开采数值模拟和实验研究，应用 MRI 技术监测了 CO_2-CH_4置换过程。2012 年，Conoco Phillips，JOGMEC 和 the U. S. DOE 在 Alaska 北坡 Prudhoe Bay 进行了 CO_2置换法试采，此次试采主要是为了验证 CO_2置换法在实际开采过程中的可行性。置换开采时注入了 23% CO_2、77% CH_4及少许追踪剂的混合气后关井 3 天，持续产气 19 天，累积产气量为 $14600Nm^3$。随后 Conoco Phillips 和 JOGMEC 在 Ignik Sikumi 天然气水合物藏试点成功应用 CO_2/N_2（23%/77%）混合气置换开采出天然气 $24085Nm^3$，开采过程中成功回收 70% 的 N_2、60% 的 CO_2，以 CO_2水合物形式被封存于沉积层中。

1.2.6.3 加拿大 Mallik 地区

加拿大 Mackenzie 三角洲区域主要为结构 Ⅰ 型水合物，纯度达到 99.2% ~ 99.5%，天然气储量为 $9.3\times10^{12}\sim2.7\times10^{13}m^3$。2002 年加拿大在 Mallik 5L－38 井采用热水循环和阶梯形降压（11MPa、7.4MPa、5.0MPa、4.2MPa）两种方法分别进行了天然气水合物藏试采，结果显示降压法最具应用前景，为之后的开采提供了重要的数据参考。2008 年 Aurora、JOGMEC 和 NRC 在加拿大 Mackenzie 三角洲 Mallik 2L－38 井进行规模性降压法试采，开采过程中降低压力至 4.5MPa，进行了为期 6 天的开采，日产气量为 $2000\sim3000Nm^3$，日产水量为 $10\sim20m^3$。

1.2.6.4 日本 Nankai Trough

2004 年，日本在 Kumano basin、Second Atsumi knoll 和 Offshore Tokai 三个区域钻井 32 口，多井进行了井开采试验。2013 年，日本石油天然气和金属矿物资源机构在日本 Nankai Trough 东部进行了世界上第一次深海水合物藏试采。开采过程中钻取了一口生产井、两口监测井，降低井底压力至 4.5MPa，日均产气量为 $20000Nm^3$，持续 6 天，累积产气量约为 $120000Nm^3$，日产水量高达 $200m^3$，总产砂量超过 $30m^3$，产气速率也高于数值模拟计算的预期结果，最终由于天气状况及生产井泥沙堵塞而终止开采。2017 年，日本在 Atsumi Peninsula 与 Shima peninsula

半岛之间进行了水合物二次试采，此次试采吸取了第一次的经验，利用安装有预先膨胀的 GeoFORM 防砂系统，采用了不同防砂措施的 2 口生产井进行阶段性降压产气试验，初始压力为 13.5MPa，实施了分阶段性降压(13.5MPa、7.0MPa、5.0MPa、3.0MPa)开采，其中第一口井由于砂子堵塞终止试采，持续 12 天，累积产气量为 35000Nm^3，第二口井则成功避免了出砂问题，在 24 天内累积产气量约为 240000Nm^3。

1.2.6.5 中国南海神狐海域

2017 年 5 月，我国依托“蓝鲸 1 号”平台成功在南海神狐海域水深 1266m，海底 203 ~ 277m 深泥质粉砂类型天然气水合物藏试采，通过降压法分解泥质粉砂型储层中的水合物后利用“地层流体抽取法”进行气、水、砂三相分离，此次试采连续产气 60 天，累积产气量超过 30.9×10^4Nm^3，最高日产气量达 3.5×10^4Nm^3，首次实现了天然气水合物连续稳定、安全可控试采。同年 5 月，中国海油在南海北部荔湾 3 站位依托深水工程勘察船“海洋石油 708”成功实施了固态流化法试采作业，该方法是针对我国南海非成岩泥质粉砂水合物藏的创新开采技术之一。

目前的天然气水合物藏矿场试采虽然初步验证了短期降压开采的技术可行性，但与大规模持续商业开采尚存在较大的距离，特别是在开采经济性、安全及环境影响方面，且目前的试采产量远远未达到商业标准，天然气水合物藏实现商业开采需达到平均产气率 1 ~ 2Nm^3/s 以上的长时间持续产气。

1.3 水合物藏降压开采存在的问题

尽管在天然气水合物藏降压开采方面已经进行了大量的深入研究，但天然气水合物藏降压开采本身是一项多学科、多领域交叉融合的前沿性课题，尚待解决的科学问题及关键技术非常多。目前国内外在天然气水合物藏降压开采实验模拟及数值模拟方面仍存在不少问题。

(1)缺乏成熟的多孔介质中天然气水合物生成与降压开采实验模拟装置和方法，如实验室水合物生成周期较长且多为气饱和的水合物藏类型，反应釜内生成过程难以控制，制备的水合物在沉积物中的分布及赋存形态与实际海底水合物藏存在较大差异，模拟水合物藏的渗透率明显大于实际水合物藏的。实际水合物藏主要控制因素为流体流动与周围环境的热传导，实验室小规模模拟中则以热传导为主导因素，流体的流通运移通道被显著缩短，因此难以准确地评价实际水合物藏降压开采时的运移流通特征。

(2)实验室内鲜有针对水合物藏开采时降压控制关键技术的实验开展，而开采过程中合理的降压方案是水合物藏开采的关键，甚至影响开采成败，如2008年加拿大Mallik地区试采，2013年及2017年日本两次海域试采前后降压操作的差异较大。此外，降压生产时二次水合物生成也会影响水合物藏的开采。

(3)目前开展的南海神狐海域水合物藏数值模拟均为单一的水合物藏模型，与多层水合物藏存在较大差异。天然气水合物藏降压开采数值模拟基本还是沿用常规的油气藏开发理论与思路，只考虑了水合物分解动力学、传热传质、多相渗流三个控制因素，对水合物降压分解引起的储结构变形及破坏，以及由此而引起的渗流、热质传递和产砂等变化均未予考虑。

(4)实验测试手段不够完善，很难定量地测定天然气水合物降压开采过程储层热物性质、微观结构及力学性能等的动态变化数据和时变规律。虽然目前各种现代分析测试手段如Raman光谱、X射线CT、核磁共振NMR、电阻率层析成像ERT等均已开始应用于天然气水合物藏实验研究，但由于天然气水合物藏高压模拟设备及这些测试仪器测试速度的限制，导致测试的样品及条件与实际水合物藏开采条件存在较大差别，很多情况下只能对低温下的静态样品进行测试。

同时在天然气水合物藏降压试采方面也存在诸多挑战及技术难度，如高效低成本降压技术、防砂技术及海底气液分离技术，提高水合物分解速率和开采区域、降低产水量及采气输气成本等。由于天然气水合物赋存于深海浅层沉积物中，特别是我国南海，天然气水合物分布在非成岩泥质粉砂层中，水合物对海底松散沉积物具有胶结作用，使海底沉积物层保持稳定。海洋天然气水合物藏商业化开采，除了要面临深海工程作业和台风等极端天气破坏的安全风险外，在降压开采过程中，天然气水合物分解也会导致地层液化和地层稳定性下降，气水混合物采出后会造成地层亏空，极易造成海底沉降、坍陷和海底滑坡等地质灾害；降压开采易使水合物储层及井底温度下降，导致二次水合物生成及冰堵塞等危害，在海洋立管中也易形成水合物危害；同时，对于我国南海神狐海域这种非成岩泥质粉砂型天然气水合物，产砂量大，易造成井底砂堵塞；对于浅埋藏、上盖层非成岩的水合物藏，上盖层密封性能差，降压开采易造成上部海水入侵，导致降压开采失败。

1.4 研究思路及研究方案

笔者拟针对我国南海神狐海域水合物成藏特征，采用实验室自行研制的天然气水合物三维开采装置，开展实验模拟，在此基础上，结合数值模拟开展南海天然气水合物藏降压生产特征及开采工艺优化模拟研究，主要研究思路及方案如图 1.5 所示。

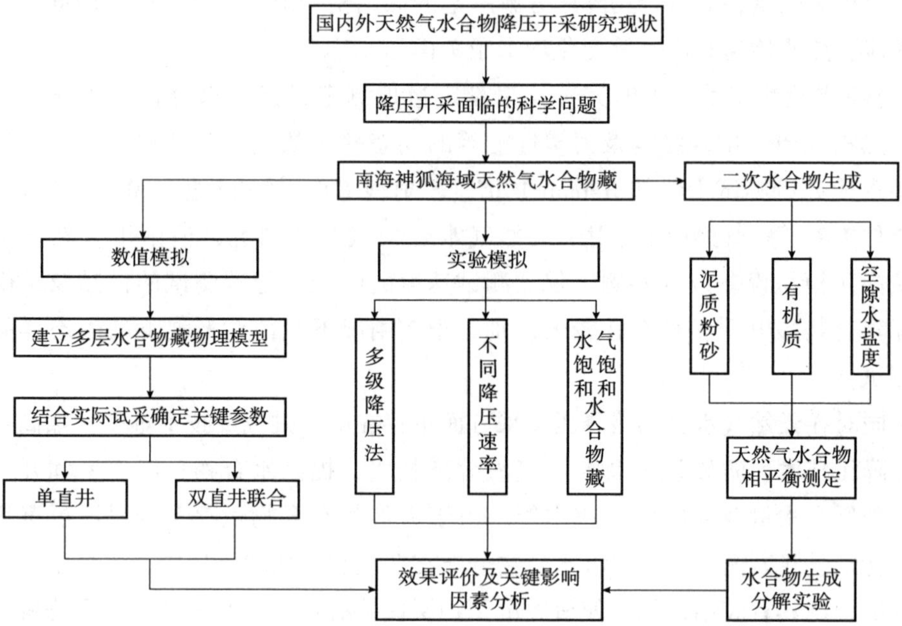

图 1.5　主要研究思路及方案

通过国内外天然气水合物开采实验模拟、数值模拟及现场试采研究现状的文献调研，分析总结目前天然气水合物室内实验模拟存在的主要问题及不足。我国南海神狐海域水合物藏为高水饱和，仅存在少许游离气，前人在实验室内模拟的均为高气饱和的水合物藏，且储藏的温度、压力等不同。降压开采依然是今后水合物藏开采研究的主要方法，水合物藏试采的降压过程部分为单级降压的模式，部分则为多级梯度降压的模式，这在实验室内鲜有研究。此外，降压速率也是水合物藏降压开采过程中一个极为关键的影响因素。因此，拟在实验室内模拟我国南海神狐海域水合物藏单级、多级降压的生产过程，分析不同降压速率对南海神狐海域水合物藏生产特征的影响。

天然气水合物藏中气饱和是影响水合物藏降压开采的一个关键因素，自然界中除过水饱和水合物藏，还存在气饱和水合物藏，如最早的俄罗斯 Messoyakha 气田便为水合物藏与大量下伏自由气同时存在，尽管南海神狐海域水合物藏为水饱和水合物藏，但为我国目前已探明的唯一一处，其他地区极有可能赋存高气饱和的天然气水合物藏。因此，拟在实验室内模拟高水饱和及高气饱和两种不同类型水合物藏的降压生产过程，分析水合物藏中游离气的存在与否对水合物藏生产特征产生的影响。

勘探数据表明，我国南海神狐海域水合物藏为多层水合物同时分布的现象，中间水合物层中存在 7.8% 左右自由气，下层则为气水两相同时存在的游离层，目前数值模拟中并无与其分布一致的水合物藏模型，且在多直井联合降压开采方面尚无相关报道。尽管 2017 年我国已经成功在此实施了降压试采，但周期仅为 60 天，难以预计水合物藏较长开采周期的生产规律。在未来的实际水合物藏开采过程中，必然会涉及多井联合生产时的情况。因此，拟结合实际试采数据开展与我国南海神狐海域水合物藏储藏条件相符的单直井降压开采模拟，研究多直井联合降压时井间干扰作用对生产特征的影响，寻求合适的井间距。

水合物藏降压开采过程中二次水合物的生成不可避免，而实际海底沉积物中有机质及孔隙水盐度均会对其生成规律造成影响，且我国南海神狐海域水合物藏沉积物为泥质粉砂类型，目前在此方面的研究尚属空白。因此，依据我国南海神狐海域水合物藏沉积物的组分，拟在实验室自配类似于真实海底沉积物的泥质粉砂多孔介质，模拟泥质粉砂含有机质且在盐水环境下，对降压开采过程中二次水合物生成分解的影响。

1.5 主要内容及章节安排

主要开展了以下几个方面的工作。

(1) 总结了国内外天然气水合物藏实验模拟、数值模拟及现场试采的研究现状，探讨了天然气水合物藏室内降压开采实验模拟及现场试采研究存在的主要问题与不足，分析了未来天然气水合物藏商业开采可能面临的技术、经济与安全环境难题及挑战。

(2)针对我国南海神狐海域水合物藏，在实验室实验模拟研究了其在不同降压模式(单级降压、多级降压)的生产过程，分析了不同降压速率下水合物藏的生产特征。

(3)通过实验模拟了水饱和及气饱和两种类型天然气水合物藏的降压生产过程，结合多孔介质中气液两相流动机理，对比分析了两者在生产过程中的产气产水规律及传热传质特征。

(4)通过数值模拟评估了我国南海神狐海域水合物藏较长生产周期的单直井降压生产情况，分析了下伏游离气存在与否对水合物藏生产特征的影响。

(5)利用数值模拟开展了南海神狐海域水合物藏垂直井网降压开采的生产特征研究，分析了井间干扰作用对生产的影响，初步确定了多直井联合开采时的最优井间距。

(6)通过实验研究了泥质粉砂中不同浓度富里酸及其在盐水环境下对天然气水合物生成分解特征的影响，分析了多孔介质中二次水合物生成分解时 FA 及 NaCl 的作用机理。

本章主要由八个部分组成，分别为：第 1 章引言，阐述了本书的研究背景及意义，总结分析了国内外天然气水合物藏降压开采的研究现状及存在的主要问题与不足，介绍了本文的研究思路及博士期间的主要工作；第 2 章为多孔介质中天然气水合物藏的生成实验；第 3 章为不同降压模式下水合物藏的开采实验；第 4 章为不同降压速率下水合物藏的开采实验；第 5 章为水饱和及气饱和水合物藏的降压开采实验；第 6 章为南海神狐海域水合物藏直井降压开采数值模拟；第 7 章为富里酸及盐对泥质粉砂中二次水合物生成分解的影响；第 8 章为结论与建议，总结了本书的主要研究结论，并对未来水合物降压开采研究提出了相关建议。

1.6 创新点及科学意义

本文的创新点及科学意义主要体现在以下几个方面。

(1)通过实验模拟研究了我国南海神狐海域水合物藏在不同降压模式下的生产过程，分析了降压模式、降压速率对其生产特征的影响机制，为水合物藏降压开采方案的优化提供一定的基础数据和理论依据。

(2)针对我国南海神狐海域水合物藏，建立了含游离气的多层水合物藏物理模型，分析了游离气对水合物藏生产特征的影响机理。

(3)我国南海神狐海域水合物藏垂直井网进行降压开采模拟，结合势的迭加理论分析了井间干扰作用对水合物藏生产过程中压力场、温度场及流场变化的影响，初步确定了多直井联合降压开采时的最优井间距。

(4)研究了泥质粉砂中 FA 及其与 NaCl 溶液共存时天然气水合物生成分解规律，分析了其微观作用机理，为水合物藏开采中二次水合物的预测与防治提供了一定的理论依据。

1.7 小结

本章简述了本书的研究背景及意义，介绍了全球天然气水合物藏的分布及类型，概述了天然气水合物藏主要的开采方法，发现自然界中的天然气水合物分布广泛、储量丰富，降压法开采依然是水合物藏今后开采研究的主要方法之一。阐释了天然气水合物藏降压开采涉及的关键物理化学过程，如相态变化、多相流动及传热传质等。系统地总结了国内外天然气水合物藏降压开采及现场试采的研究现状，水合物实验装置正在偏向更大尺度、高度可视化及多样实时测试方向发展，数值模拟可以快速便捷地模拟矿场尺度的水合物藏开采，但始终存在一定的简化。探讨了天然气水合物藏室内模拟及现场试采研究存在的主要问题与不足，分析了未来天然气水合物藏商业降压开采可能面临的技术难题及环境挑战。目前的天然气水合物矿场试采虽然初步验证了短期降压开采的技术可行性，但与大规模持续商业开采尚存在较大的距离。结合水合物藏降压开采目前存在的问题，提出了针对性的研究思路及方案，最后介绍了本文的主要研究工作及创新点。

2　多孔介质中天然气水合物藏的生成特征

2.1　引言

海底天然气水合物样品不易获得，目前实验室内的天然气水合物藏开采模拟均为实验室自制水合物藏样品。因此在进行多孔介质中天然气水合物藏降压开采实验研究之前，必须在实验室内制备具有代表性的水合物藏沉积物样品。本章详细介绍了本实验室自行研制的天然气水合物藏三维模拟实验装置(Cubic Hydrate Simulator，CHS)的主要系统组成及功能特点，借助压力、温度及电阻等测量手段实时监测多孔介质中水合物的生长过程，阐述了制备不同目标饱和度水合物藏沉积物样品的实验过程及相关计算方法，分析了多孔介质中天然气水合物的生成特性及影响水合物生成速率的主要影响因素等。

2.2　实验部分

2.2.1　实验材料

(1)石英砂，粒径为300～450μm，真实密度为2.642g/cm^3，通过美国康塔仪器(Quantachrome Instruments)公司生产的全自动真密度计VPY－30测得。

(2)CH_4气体，纯度为99.9%，为广东华特气体有限公司生产。

(3)去离子水，由实验室超纯水设备GREEN－10T自制(南京超纯水设备有限公司)，电阻率为18.25MΩ·cm。

2.2.2 实验装置

具有代表性的水合物藏沉积物样品的生成及相关降压开采实验均在实验室自行研制的实验设备中进行，图 2.1 为多孔介质中天然气水合物藏三维模拟实验装置组成示意图。该系统主要由高压立方反应釜、控温系统、注气系统、注液系统、生产系统和数据采集系统等组成。其中，高压立方反应釜为整个系统的关键部件，材质为 316 不锈钢，内侧为正方体结构，边长为 0.18m，最大有效容积为 5.832L，耐压 25MPa。高压立方反应釜被浸置于控温系统的恒温水浴箱中以维持釜内温度稳定。反应釜进出口分别安装有两个压力传感器，均为瑞士 Trafag 公司制造的 NAT8251.7425 型压力传感器，量程为 0 ~ 25MPa、精度为 ±0.02MPa，且在实验前均经西安仪表厂生产的 Y059 型浮球式压力计校准。反应釜内不同位置处安插分布有多个 Pt100 铂电阻温度传感器，量程为 -20 ~ 200℃，精度为 0.1℃，同时又配置有多个 H28 型电阻率测量仪。注气系统包括高压气瓶、气体调压阀、空气压缩机、气体增压泵等，其中由高压气瓶提供气源。气体调压阀为美国捷锐有限公司的 591H-3000 型气体调压阀，进口压力为 0 ~ 20MPa，调节范围为 1.4 ~ 10MPa。空气压缩机为台州市奥突斯工贸有限公司制造的 OTS-750X3 型无油空气压缩机，公称容积流量为 180L/min，额定排气压力为 0.7MPa。气体增压泵采用济南德科泵业有限公司生产的 DTT40WL 型气体增压泵，驱动气压为 0.4 ~ 1.0MPa，最大输出气压为 32MPa。注液系统包括烧杯、电子天平及高压平

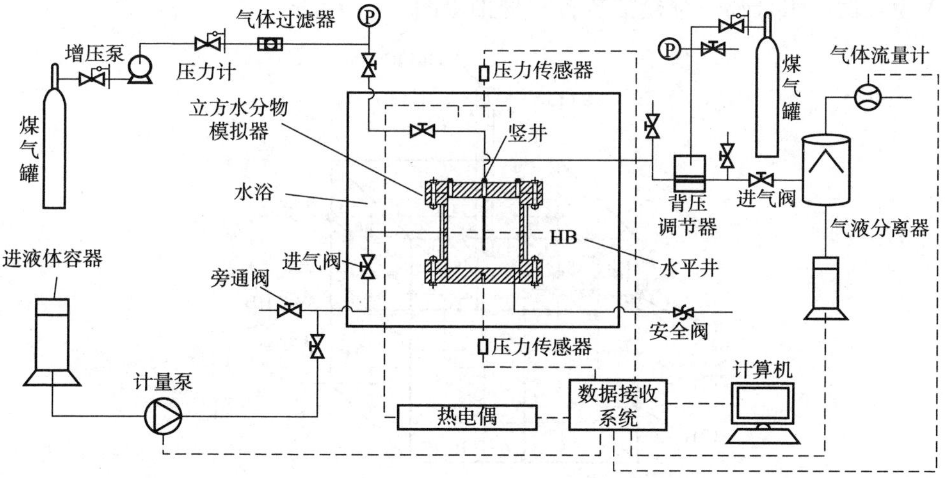

图 2.1 天然气水合物藏三维模拟装置组成示意图

流泵等，其中电子天平为 Sartorius 公司的 BS2202s 型电子天平，量程为 0～2200g，精度为 ±0.01g。高压平流泵采用北京创新通恒有限公司生产的 P3000A 型高压平流泵，量程为 0～50mL/min，压力等级为 30MPa。生产系统包括背压回压阀、气液分离器、气体流量计、BS2202s 型电子天平及出口液体容器等，其中背压回压阀的压力为 0～30MPa，精度为 ±0.02MPa，气液分离器的容积约为 600mL，耐压 2MPa，气体流量计采用北京七星华创电子股份有限公司制造的 D07－9C 型气体流量计，量程为 0～10L/min，准确度为 2%。压力和温度信号由数据采集系统 Agilent 34970 连续监测，并由计算机进行记录。

图 2.2 展示了实验过程中生产井 Well 13A、Well 13B、Well 13C、水平井 Well HB 及温度电阻测点在反应釜内的分布示意图。由图 2.2 可以看出，反应釜从顶端至底端被三个水平层 A、B、C 等距分为四个部分，每层之间的距离为 0.045m。生产井 Well 13A、Well 13B 及 Well 13C 均安插在反应釜的中轴线上，三者底部分别对应 A、B、C 三个水平层，黑色填充部分为井上开槽部分，用以反应釜内流体产出，三个井可以独立使用，也可以贯通作为一条开采井 Well 13 使用，本文中所有开采实验模拟均将三井贯通作为一条直井使用。由水平井 Well HB 向反应釜中注入去离子水，其开槽部分贯穿整个水平层 B，其材质均为 316 不锈钢。温度传感器以 5×5 矩阵的形式等距排列在每个水平面上，并对每个温度传感器依序命名编号，比如，第 21 个温度传感器从上层 A 至下层 C 被命名为 T21A、T21B、T21C，共布有 25×3 个温度传感器、12×3 个电阻率测量仪。图 2.3 为天然气水合物三维模拟装置实物拍摄图。

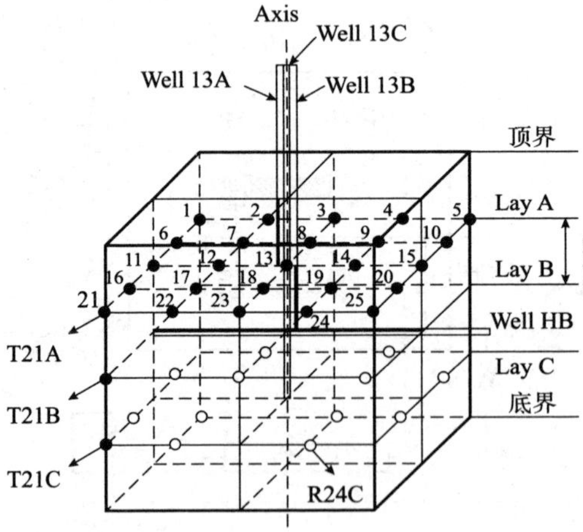

图 2.2　反应釜内生产井、注水井及温度电阻测点分布示意图

图 2.3　天然气水合物三维模拟装置实物拍摄图

2017 年中国地质调查局的勘探结果显示，我国南海神狐海域水合物藏的沉积物孔隙度为 32% ~35%，水合物饱和度约为 33%，压力范围为 12.7 ~14.6MPa，温度范围为 8.6 ~ 16.2℃，水合物藏为高水饱和度水合物藏，水饱和度至少为 55%，并含有少量下伏游离气(7.8% 左右)。因此在实验室制备了类似南海神狐海域高水饱和度水合物藏样品，同时也生成了高气饱和度水合物藏沉积物样品作为对比。为了提高实验过程中水合物生成速率，缩短水合物藏样品的制备时间，实验过程中选择了较低温度(8.5℃)及较高的初始生成压力(20MPa)，以便增大水合物的生成驱动压力及过冷度。最终生成目标饱和度的水合物藏时反应釜内压力降至 13.5MPa 左右，以符合实际水合物藏的赋存压力及温度条件。实验过程中采用气体为 99.9% 的纯 CH_4，未考虑水合物藏内其他气体组分(C_2H_6、CO_2及H_2S)的影响。

2.2.3　实验方法

实验前，首先根据要生成目标水合物藏的水/气/水合物三相饱和度计算所需的气体和水的量，具体计算方法见本章 2.2.4 节部分。确定水合物生成方案之后，开始进行实验，具体实验方法包括：①将实验所用石英砂在 100℃ 的恒温箱中干燥 24h 后，紧密填充于反应釜内，共填取 8762g，填充后测量计算反应釜内有效孔隙度约为 43%；②通过直井 Well 13C 向反应釜进气至 6.0MPa 左右进行高压密封检漏，确定密封性完好之后排空气体，设置恒温水浴控温系统为实验所需温度(8.5℃)；③系统温度稳定后，以同样的方式向反应釜进气1.0MPa左右冲洗反应釜以置换釜内残余空气，反复进行3次；④打开水平井Well HB，通过高压平流泵以50mL/min的速率向反应釜中注入所需的去离子水，关闭水平井，通过直井Well 13C向反应釜注入CH_4加压至20MPa左右；⑤当反应釜压力随着水合物不断生成降至15MPa时，进行下一次注水，如此往复，直至注完最后一次水，反应釜压力降至目标压力(13.5MPa左右)时，此时反应釜内生成预期饱和度的水合物藏，进行水合物藏降压开采实验。在水合物生成过程中，注气、注液期间数据采集系统调节为每30s扫描记录一次，否则为每30min一次。

水合物藏开采实验结束后，反应釜内会有部分去离子水不能产出而残留在反应釜内，而实验设备的拆卸操作又极为复杂，导致下次实验前不能重新填装多孔介质，即下次实验前反应釜内有效容积以上次开采实验结束时为准。因此下一次生成实验之前需对反应釜内有效容积进行标定确认。具体标定过程为：①向反应釜进气1.0MPa左右，待系统稳定后确定系统的压力；②通过高压平流泵以50mL/min的速率向反应釜进水100mL，系统稳定约5min，再次确定系统的压力，如此反复三次。通过反应釜内气体体积的变化计算确定系统有效容积，即下一次生成实验前反应釜内的剩余有效容积(V_0)，具体计算方法见本章2.2.4节。

2.2.4 数据处理

水合物生成实验中，为了避免压力超出反应釜上限，同时又以较高速率生成水合物，除了降低水合物生成温度、增大过冷度外，还采取了多次注水的方式。由于气体具有可压缩性，其体积受温度、压力变化影响较明显，因此为了提高实验的精确性，实验所需气体在初次注水后，一次性全部注入。第一次注水量由所需注入气体在目标压力(20MPa)和温度(8.5℃)下所占体积决定，随后反应釜内压力随着水合物生成而下降至15MPa时，再根据此刻釜内剩余气体在20MPa和8.5℃下所占体积决定第二次注水量，依次类推，直至注完生成所需总水量，最终反应釜压力降至目标压力(13.5MPa左右)时生成目标饱和度的水合物藏，从而得到所需的注水量及注水次数，详细计算过程如下。

首先，生成目标饱和度水合物藏所需注入气体总量(n_G)、注水总量(V_W)可根据式(2.1)及式(2.2)求得：

$$n_G = \frac{V_{pore} \times S_G}{v_m^{13.5}} + \frac{V_{pore} \times S_H \times \rho_H}{M_H} \tag{2.1}$$

$$V_W = V_{pore} \times S_W + \frac{V_{pore} \times S_H \times \rho_H \times N_H \times M_W}{M_H} - (V_{pore} - V_0) \tag{2.2}$$

式中，V_{pore}为初始反应釜内有效孔隙容积，其值为2526mL；S_G、S_H及S_W为最终目标水合物藏的气饱和度、水合物饱和度及水饱和度；M_H、ρ_H分别为水合物摩尔质量及密度，本文取值分别为124g/mol及0.94g/cm³；v_m^x为注入气体在实验压力xMPa，温度8.5℃下的摩尔体积，mL/mol，上标x代表压力；V_W、V_0为所需注水总量及注水前剩余体积(因为上次实验结束后会有残存水)，mL；N_H为水合物数，取值为6。

其次，初次所需注水量(V_{W1})通过式(2.3)计算：

$$V_{W1} = V_{pore} - V_0 - n_G \times v_m^{20} \tag{2.3}$$

随后注入CH_4至20MPa，待反应釜内压力随着水合物生成降低至15MPa时，进行二次注水，此时反应釜内水合物生成量n_H、剩余水量V_{WS}及气体体积V_{GS}根据式(2.4)至式(2.6)计算：

$$n_H = \frac{V_{pore} - V_{W1} - n_G \times v_m^{15}}{v_H - v_{W1} \times N_H - v_m^{15}} \tag{2.4}$$

$$V_{WS} = (V_{pore} - V_0) + V_{W1} - n_H \times N_H \times M_W \tag{2.5}$$

$$V_{GS} = V_{pore} - V_{WS} - \frac{n_H \times M_H}{\rho_H} \tag{2.6}$$

从而可通过式(2.7)求得所需二次注水量(V_{W2})：

$$V_{W2} = V_{GS} - \frac{V_{GS} \times v_m^{15}}{v_m^{20}} \tag{2.7}$$

待反应釜压力降至15MPa时，进行三次注水，依次类推进行第三次注水量的计算，直至得到最后一次注水量，注水结束后等待反应釜压力降至13.5MPa时，目标压力及饱和度的水合物藏样品生成完毕。

此外，注水前剩余体积(V_0)是在上次开采实验后下次生成实验前通过注入已知水量压缩气体体积的方式标定计算，注入约1.0MPa时对应温度、压力下气体的摩尔体积为v_{m1}，注入约100mL去离子水(记为ΔV)压缩气体，此时相应温度、压力下气体的摩尔体积为v_{m2}，前后气体物质的量守恒，可根据下式(2.8)及式(2.9)求得，最终求得V_0为三次标定后V_2的平均值：

$$v_{m1} - v_{m2} = \frac{V_1 - V_2}{n_G^1} = \frac{\Delta V}{n_G^1} \tag{2.8}$$

$$V_2 = V_1 - \Delta V = \frac{\Delta V v_{m1}}{v_{m1} - v_{m2}} - \Delta V, \quad V_0 = \bar{V}_2 \tag{2.9}$$

式中，V_1、V_2分别为注水前、后反应釜内的气体体积，mL；n_G^1为注入气体的物质的量，mol。

在水合物生成过程中，认为液体不可压缩，消耗CH_4的量即为水合物生成量(n_H)，可根据反应釜内压力、温度变化确定，具体计算如式(2.10)所示：

$$n_H = V_G\left(\frac{P}{ZRT}\right)_t - V_G\left(\frac{P}{ZRT}\right)_{t=0} \tag{2.10}$$

相应地，水合物生成速率(R_H)为：

$$R_H = \left(\frac{dn_H}{dt}\right)_t = \frac{\Delta n_H}{\Delta t} \tag{2.11}$$

式中，V_G为反应釜中气相所占的体积，mL；P、T为反应釜内的压力及平均温度，MPa及K；Z为对应状态下的气体压缩因子，可根据$P-R$方程求得；R为气体常数，取值为8.314J/(mol·K)；下角标t代表水合物生成的时间，min。

水合物生成过程中，任意时刻时反应釜内的气、水、水合物三相饱和度总和为1，即式(2.12)：

$$S_G + S_W + S_H = 1 \tag{2.12}$$

各相饱和度可分别根据式(2.13)～(2.15)计算：

$$S_G = \frac{v_m n_G}{V_{pore}} \tag{2.13}$$

$$S_W = \frac{m_{W,0} - N_H(n_{G,0} - n_G - n_{G,W})M_W}{\rho_W V_{pore}} \tag{2.14}$$

$$S_H = \frac{(n_{G,0} - n_G - n_{G,W})M_H}{\rho_H V_{pore}} \tag{2.15}$$

式中，下角标G、W、H分别代表气相、水相及水合物相，S_i代表i相的饱和度；M_i为i相的摩尔质量，其中去离子水M_W及水合物的摩尔质量M_H分别取值18g/mol和119.5g/mol；ρ_i代表i相的密度，去离子水及水合物的密度分别为1.0g/cm^{3}和0.94g/cm^3；v_m为气体的摩尔体积mL/mol；n_G为反应釜中自由气的物质的量，mol；$m_{W,0}$及$n_{G,0}$分别表示注入反应釜中去离子水的质量及气体物质的量，g及mol。

2.3 实验结果与讨论

根据生成目标水合物藏各相饱和度的不同确定注气注水方案，详细实验操作及计算过程见本章2.2节，最终得到目标压力及饱和度的水合物藏沉积物样品。本章以最终生成水合物藏的S_W为55%、S_G为10%及S_H为35%为例分析了水合物的生长规律。

2.3.1 压力变化特征

为了降低水合物藏的气相饱和度，生成高含水饱和度的水合物藏，实验过程中通过四次注水的方式完成。如果所需总水量及气量一次性全部注入，反应釜中压力会升至40.72MPa左右，远远超过反应釜上限值(25MPa)，且多次注水的方式可以使生成过程中反应釜内压力相对较长时间维持在较高值，从而可以有效地提高水合物的形成驱动压差。

从图2.4可以看出，待初次注水完毕注入所需气体至实验初始压力(20MPa)，反应釜内压力由于水合物的生成迅速下降，未曾观察到诱导时间的存在，因为釜内压力远远高于此时水合物相平衡压力(8.5℃时水合物相平衡压力约为6.0MPa，根据李小森等逸度模型计算)。在上次注水后下一次注水前，釜内压力的下降速率均逐渐减小，相应地，通过水合物生成量的曲线也看出水合物生成速率在不断减小，这是由于压力不断降低，水合物生成驱动压差不断减小的缘故。每次注水后，由于釜内自由气体空间被压缩，压力均会骤增至较高值，与预期的计算值(20MPa)接近，也证实了生成方案的准确可靠性。同时还可以看出每次注水后水合物生成速率均相应地出现了速率急增的趋势，一方面是因为水合物生成驱动压力的增加，另一方面是因为外部去离子水的注入会扰动釜内气液流体，进而可以促进气液的接触。相反地，尽管多次注水可以增加水合物的生成驱动力，但随着水合物的不断生成，反应釜内气体不断被消耗减少，气液接触面积也大大缩小，尤其是更多外部去离子水的注入又显著降低了釜内的气液比，因此随着生成时间的增加，水合物的平均生成速率，即每两次注水期间的平均水合物生成速率不断减小。如二次注水前水合物平均生成速率为0.0139mol/h，二次至三次期间降为 0.0049mol/h，约为初始的 1/3，到四次注水后仅为 0.0014mol/h，已经降至初始的 1/9。经历了四次注水后，反应釜中压力降至最终目标压力 13.5MPa 共经历约 1830h，即 76 天左右。

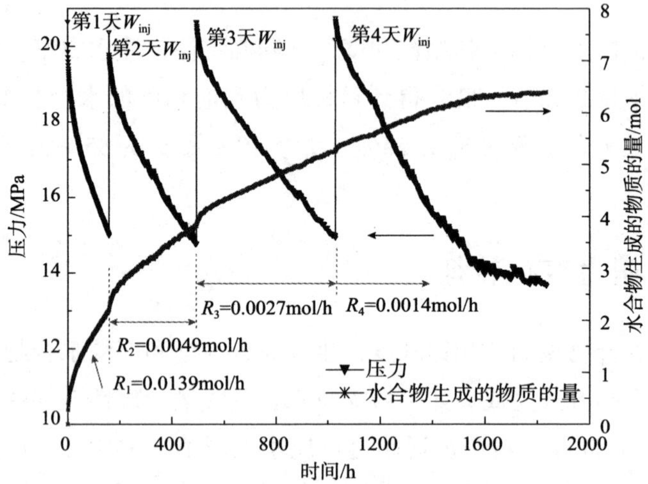

图 2.4　水合物生成过程中压力及水合物生成量的变化

2.3.2　温度变化特征

图 2.5 给出了水合物生成过程中反应釜内 11、13 及 21 处温度随时间的变化曲线，具体对应在反应釜内的位置如图 2.2 所示。由图 2.5 可以看出，在实验初始时刻，由于所注入的 CH_4 处于室温环境，加之气体增压泵注气时会额外做功，导致反应釜内温度迅速升至较高值，尤其是中心进气井处温度（13A、13B、13C）。通过与外部循环水浴强烈的热交换作用，较快降低至水浴温度，从而保证了实验室内水合物样品制备在稳定的温度下进行。在水合物生成过程中，并未观察到由于水合物生成放热引起的较为明显的温升现象，且不同测点的温度基本保持稳定。这一方面可能是由于水合物生成速度相对较慢，反应釜与周边水浴具有良好换热效果的缘故；另一方面可能在进气过程中已有部分水合物迅速生成，其生成放热引起的温升被进气时温度变化遮盖。另外，不同位置的温度基本一致，整体温度分布比较均匀，更加保证了实验温度条件的可靠性。其他测点的温度变化规律均与其类似，这里不再赘述。

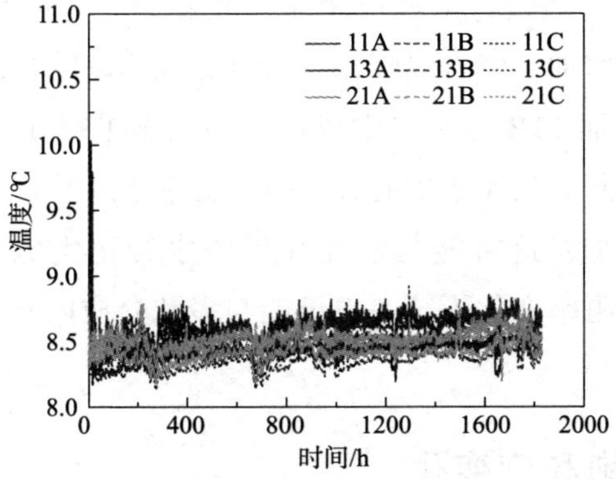

图 2.5　水合物生成过程中反应釜内 11、13 及 21 处温度随时间的变化

2.3.3　电阻变化特征

电阻率通常会随着水合物生成饱和度的增加而相应地增大。由于每对电阻探头在反应釜内的测量距离不统一，导致初始值互相不一致，因此本章将实验过程中的电阻与初始时刻的电阻之比，即电阻比，作为衡量水合物生成过程中电阻变化的参数，图 2.6 给出了水合物生成过程中 18A、21B 及 23C 三处的电阻比的变化曲线。由图 2.6 可以看出，实验初始阶段测点 18A 电阻比开始突然增大随后出现较大波动，同样地，23C 处电阻比也是先增加至较大值随后基本保持稳定，至 1026h、1450h 时均出现不同程度的骤增现象。电阻率突然增大是因为水合物生成导致此处水合物饱和度增加的缘故，随着此处水合物的生成，气液接触面积逐渐减小，形成“铠甲效应”会阻碍水合物的继续生成，且釜内压力逐渐下降会导

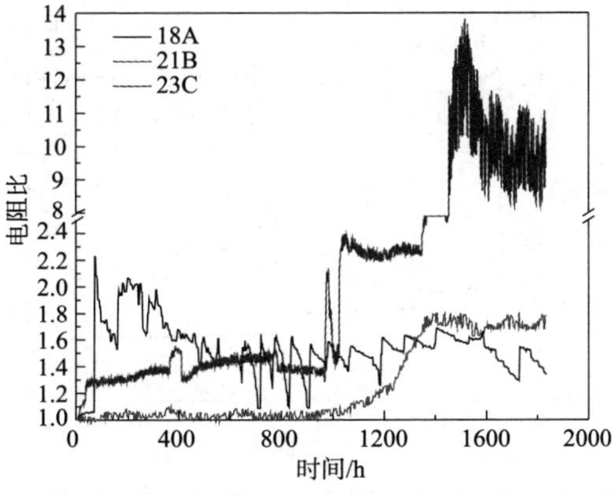

图 2.6　水合物生成过程中 18A、21B 及 23C 处电阻比随时间的变化

致水合物生成速率变得缓慢，从而电阻率维持稳定。电阻率出现波动的原因较多，如该点的水含量增加、气含量降低，会导致电阻率降低，同时电阻率也会受到温度波动的影响。而21B处则在生成过程中基本维持在1左右，直至约920h后才开始逐渐增加。同时相比于中心处21B，反应釜内壁处18A及23C处的电阻在初期便出现明显增加，这可能与多孔介质中水合物生成的“爬壁效应”有关。此外，不同测点的电阻率变化不统一也可能与多孔介质内石英砂、水及气的比例分布不一致有关。

2.3.4 各相饱和度变化

图2.7给出了水合物生成过程中S_G、S_W及S_H随时间的变化曲线。与图2.4中压力变化相对应，二次注水前(0～155h)，随着压力的下降，水合物不断生成，反应釜内S_H迅速增至较高值(0.12左右)，相应地，气体及液相去离子水被大量消耗，气相饱和度从初始的0.32迅速降至0.27。由图2.7还可以看出，水合物饱和度的增加速率不断减小，这是由于随着反应釜内压力的不断下降及气液接触面积的缩小，导致水合物的生成速率下降的缘故。在二次注水的短暂期间内，反应釜内水合物饱和度迅速增加，因为随着二次水的注入，釜内气相体积被压缩，导致压力骤增，进而水合物的生成驱动力得到了迅速提升，且外部去离子水的注入会扰动釜内流体，增加气液接触面积，从而水合物生成速率迅速提高，这也说明反应釜内的气饱和度可以通过多次注水的方式有效调节。约1550h后，水合物饱和度曲度线已趋近于平缓直线，此时反应釜内压力已低至14.3MPa左

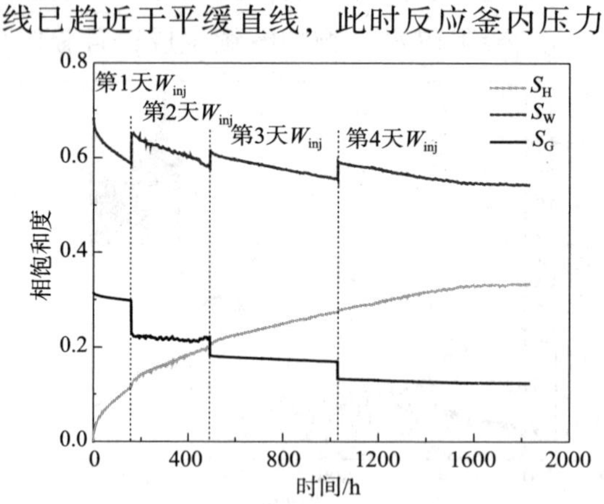

图2.7 水合物生成过程各相饱和度随时间的变化

右(图 2.4)，且由于之前的水合物生成消耗导致气液接触面积变得非常小，因此水合物生长非常缓慢，直至最终与预期的各相饱和度达到一致。

2.3.5 初始气液比的影响

在水合物生成过程中，除了实验压力及温度条件外，不同的初始气液含量也会对水合物的生成造成影响。图 2.8 为同样初始压力 20MPa、温度 8.5℃时，不同初始气液体积比下(气液体积比分别为 1.571、0.792 及 0.438)反应釜内压力及水合物生成量的变化曲线。由图 2.8 可以看出：气液比为 1.571 时，反应釜内压力下降至 15MPa 耗时最短，仅需 100h 左右；气液比降至 0.792 及 0.438 时，压力降至 15MPa 所需时间明显增加，但相差不大。相应地，气液比越大，水合物生长曲线斜率越大，即水合物生成速率越大，这是因为气液比越大意味着多孔介质内有相对较多的气体与液体接触，在相同时间内会有更多的水合物生成。最终水合物生成量差距较大则是因为初始气体体积的差异，初始时刻较大的气液比对应较大的气体体积，随着水合物生成气体被消耗，系统压力不断下降，在相同的压降下，气体体积越大，消耗气体越多，水合物生成量越多。这种现象说明了水合物生成速率大致与初始气液比成正比，较大的初始气液比可以促进水合物的生成，且在相同压降下会有更多的水合物生成。

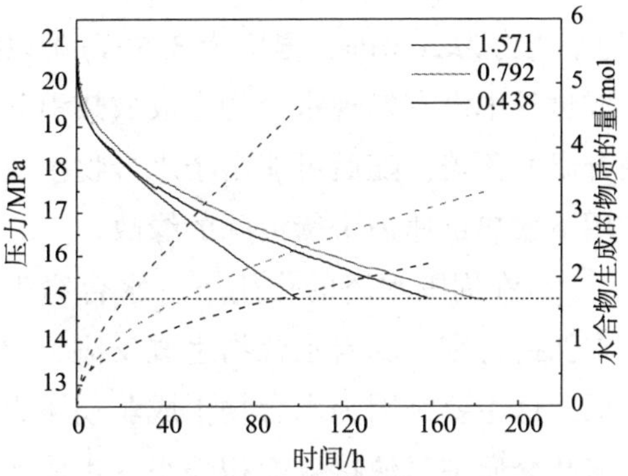

图 2.8 不同初始气液体积比下压力及水合物生成量的变化曲线

2.4 小结

本章介绍了利用实验室自行研制的天然气水合物藏三维模拟装置制备目标水合物/水/气饱和度水合物藏沉积物样品的实验方法及相关生成方案，其中为了得到高含水饱和度的水合物样品，采取了多次注水的生成方案，通过压力、温度及电阻等实时测量手段分析了水合物的生长规律，主要可以得出以下结论。

(1)根据所需目标水合物藏的气/水/水合物各相饱和度计算所需注入气体及水量，多次注水的方式一方面可以避免实验过程中系统压力超限，另一方面可以有效地降低水合物藏中气相饱和度，生成与南海神狐海域实际水合物藏类似的水饱和水合物样品，从而为后续的水合物藏降压开采模拟提供基础条件。在300～450μm的石英砂多孔介质中生成的天然气水合物，当驱动压力及过冷度较大时(初始压力为20MPa、温度为8.5℃)难以观察到水合物的生成诱导时间，同时在生成过程中没有发现水合物生成放热引起的明显温升现象，初期可能被进气引起的升温所覆盖，随后可能由于水合物生成速率相对较慢，在周围水浴良好的传热作用下放热迅速被平衡消除的缘故。

(2)在周围水浴的作用下，水合物生成过程中整个反应釜内温度分布均匀，基本保持稳定。随着水合物生成反应釜内压力不断下降，水合物生长速率也持续降低，这主要是因为水合物生成驱动压力减小，且水合物生成消耗气体，也会导致多孔介质中气液接触面积缩小。生成实验过程中多次注水的方式不仅可以使水合物的生成驱动压力增加，还可以通过外部去离子水的注入扰动釜内流体，增大气相与液相的接触面积，进而提高水合物的生成速率。

(3)电阻率会随着水合物生成饱和度的增加而增大，电阻率的变化显示水合物在多孔介质中生成可能存在“爬壁效应”，因为壁面处18A及23C的水合物生成电阻率增加始终先于中间21B区域的。随着水合物的生成，此处气液接触面积逐渐减小，而形成“铠甲效应”阻碍水合物继续生成。此外，电阻率的变化不仅与多孔介质内石英砂、水及气的分布有关，还会受到温度波动的影响，也就是说采用电阻率判别多孔介质中水合物的生成并不准确。天然气水合物生成速率与初始气液比有关，较大的初始气液比可以相对增加多孔介质内气液接触面积，促进水合物生成。

3 不同降压模式下水合物藏的开采实验

3.1 引言

不同于常规油气藏，天然气水合物是以固态形式被封存于深海沉积层或永久冻土区，目前较为统一的开采思路是通过特定手段打破水合物藏的相平衡条件，从而回收水合物分解出来的天然气。降压法作为当下有效可行的水合物藏开采方法之一，已数次被成功应用于海域及冻土区的水合物藏试采。同时，合理的降压模式对水合物藏降压开采至关重要，多级梯度降压可能会降低生产中的出砂量及产水量，有助于井筒及沉积物稳定，但至今国内外在相关方面的研究报道极少。为了避免因降压过快，引起产砂量的增加及其可能造成井筒的损坏，在水合物藏的生产过程中，往往会采用阶梯型多级降压的生产方式开采水合物藏中的天然气。2002 年，加拿大 Mallik 5L－38 生产井在水合物降压开采时便分了三个阶段：首先降低初始井底压力由 11MPa 降至 7.1MPa，然后降至 5.0MPa，最后降至 4.2MPa，整个降压过程持续了 6.75 天左右。日本南海海槽近海天然气水合物藏第二次试采时也同样采取了多级降压的模式，初始井底压力为 13.5MPa，分别经过 7.0MPa 和 5.0MPa 的短暂稳压阶段，最终才降至 3.0MPa。尽管之前已经开展了大量的水合物藏降压开采实验和数值模拟研究，但实验室内几乎没有涉及多级降压开采研究，仅有少许相关的实验和数值模拟研究。如 Heeschen 等在实验室针对加拿大 Mallik 地区研究了多级降压生产高含水饱和度水合物藏时的生产特征，Yamamoto 等利用水合物模拟器（CMHGS）比较了单级和多级降压对水合物藏沉积物变形的影响，结果表明每级降压之前较长的稳定时间有助于减少沉积层的沉降。因此本章针对我国南海神狐海域天然气水合物藏进行了单级降压和多级降压法开采的实验研究。

本章在实验室自行研制的天然气水合物三维装置中模拟了我国南海神狐海域水合物藏的不同降压模式(单级降压、多级降压)的直井降压开采过程。通过对生产过程中水合物藏内温度、压力及井口产气产水等物理参数的实时监测，对比分析了单级降压和多级降压开采水合物藏时的生产特征。

3.2 实验部分

3.2.1 实验材料

实验材料见第 2 章 2.2.1 节。

3.2.2 实验装置

实验装置见第 2 章 2.2.2 节，不同的是开采实验过程中仅用到了生产井 Well 13,并未使用到水平井。

3.2.3 实验方法

不同饱和度水合物藏的具体生成方式及实验操作已于第 2 章 2.2 节进行了详细介绍，按照相关步骤得到目标天然气水合物藏样品后，进行降压开采实验，具体步骤包括：①设置出口背压调节阀为 13.5MPa，打开中心生产井 Well 13；②然后缓慢调节背压阀压力至开采压力，保持出口压力恒定，使水合物藏在定压条件下分解产气；③直至出口没有气体或水产出时，认为水合物藏降压开采过程结束，调节出口背压阀至大气压以排除系统中残存气体。在水合物开采过程中，数据扫描和记录系统调节为每 30s 一次。

3.2.4 数据处理

在定压降压开采水合物藏的过程中，多孔介质沉积物中水合物分解率(φ_{diss})、S_H、S_G及 S_W表达式分别为：

$$\varphi_{\text{diss}} = \frac{V_{\text{pore}} - V_{\text{H}} - \dfrac{V_{\text{G}} \times v_{\text{G}}}{|v_{\text{G}}|} + \dfrac{V_{\text{P}} \times v_{\text{G}}}{22.4} - V_{\text{W}} - (V_{\text{inj}} - V_{\text{pore}})}{\dfrac{\rho_{\text{H}} V_{\text{H}} v_{\text{G}}}{M_{\text{H}}} + \dfrac{N_{\text{h}} \rho_{\text{H}} V_{\text{H}} M_{\text{H}}}{M_{\text{H}}} - V_{\text{H}}} \tag{3.1}$$

$$S_{\text{H}} = S_{\text{H},0}(1-\varphi) \tag{3.2}$$

$$S_{\text{G}} = \frac{(n_{\text{m},0} + S_{\text{H},0} V_{\text{pore}} \varphi \rho_{\text{H}} M_{\text{H}} - n_{\text{m,w}} - V_{\text{P}}/22.4) v_{\text{m}}}{V_{\text{pore}}} \tag{3.3}$$

$$S_{\text{W}} = S_{\text{W},0} + \frac{N_{\text{H}} M_{\text{W}} \rho_{\text{H}} S_{\text{H},0} \varphi}{M_{\text{H}}} - \frac{m_{\text{W}}}{\rho_{\text{W}} V_{\text{pore}}} \tag{3.4}$$

式中，$S_{\text{H},0}$及$S_{\text{W},0}$分别代表降压生产开始前沉积物中水合物及水的饱和度；$n_{\text{m},0}$为降压生产开始前沉积物中自由气的物质的量，mol；V_{P}为出口累积产气量，L；m_{W}代表出口累积产水量，g。

采用了 *Ste* 数评估生产过程中水合物分解吸热中多孔介质显热的贡献，本文定义其为水合物分解过程中多孔介质沉积物的显热(Q_{core})与水合物分解吸热所需热量(Q_{H})之比，采用式(3.5)至式(3.8)计算求得：

$$Ste = \frac{Q_{\text{core}}}{Q_{\text{H}}} \tag{3.5}$$

$$Q_{\text{core}} = (m_{\text{S}} C_{\text{S}} + m_{\text{H}} C_{\text{H}} + m_{\text{W}} C_{\text{W}} + m_{\text{G}} C_{\text{G}}) \Delta T \tag{3.6}$$

$$Q_{\text{H}} = \Delta n_{\text{H}} \cdot \Delta H(T) \tag{3.7}$$

$$\Delta H(T) = 4.184 \cdot (13521.0 - 4.02T) \tag{3.8}$$

式中，m_i为分别代表 i 相的质量，g；C_i为定压比热容，J/(kg·K)；下角标 S、H、W 及 G 分别代表多孔介质、水合物、水及气。本文多孔介质、水合物及水的比热分别取值 794J/(kg·K)、18130J/(kg·K)及 4186J/(kg·K)，由于气相的比热及密度太小，所以计算过程中不予考虑；ΔT 为生产过程中反应釜内的平均温度变化值，K；Δn_{H}为已分解水合物的物质的量，mol；$\Delta H(T)$为摩尔水合物分解吸热量，主要与温度相关。

在水合物藏定压生产过程中，水合物分解速率常数(k)表达式为：

$$\frac{n_{\text{d}}}{n_{\text{d},0}} = \exp(-kt) \tag{3.9}$$

$$n_{\text{d}} = \frac{\rho_{\text{h}} V_{\text{pore}} S_{\text{h}}}{M_{\text{h}}} \tag{3.10}$$

$$\frac{S_{\text{h}}}{S_{\text{h},0}} = \exp(-kt) \tag{3.11}$$

式中，n_d代表t时刻多孔介质中剩余水合物的物质的量，mol；$n_{d,0}$及$S_{h,0}$分别代表定压生产初始时刻水合物的物质的量，mol 及饱和度。

3.3 实验结果与讨论

3.3.1 压力变化特征

以我国南海神狐海域水合物藏储层参数为依据，生成了 Run(组)1、Run 2 及 Run 3 三组相似的天然气水合物藏样品，生成过程中约有 1396g 去离子水(共分为两次注入，初次注入 1038g，第二次注入 358g)和 18.8molCH_4。生成实验在定温(8.5℃)下进行，结束后系统压力降至 13.5MPa 左右，此时多孔介质沉积物中的S_H约为 34%，S_W约为 23%，S_G约为 43%，具体生成及开采的相关实验参数如表 3.1 所示。

表 3.1 不同降压模式下，水合物生成及开采相关实验参数

参数	Run 1	Run2	Run3
生成初始压力/MPa	20.1	20.26	20.23
生成结束压力/MPa	13.50	13.57	13.52
初始水合物饱和度/%	34.13	32.54	34.89
初始液相饱和度/%	22.94	24.44	21.62
初始气相饱和度/%	42.93	43.03	43.49
生成温度/℃	8.5	8.5	8.5
降压模式/MPa	3.0	5.0—4.0—3.0	7.2—5.0—4.0—3.0

达到预期饱和度的水合物藏后，分别采用了单级降压(Run 1)和多级降压(Run 2 和 Run 3)的生产方式进行了天然气水合物开采实验。由图 3.1 可以看出，在 Run 1 中，利用出口背压阀控制反应釜压力，通过释放釜中自由气、水降低初始水合物藏压力(13.5MPa)至定压(3.0MPa)；在 Run 2 中，降压过程中控制水合物藏内压力使其呈三级阶梯的方式进行降压，即先降低初始水合物藏压力，由 13.57MPa 降至 5.0MPa，定压生产，然后降至 4.0MPa 定压生产，最后降至 3.0MPa 定压生产，直至生产结束，每个定压生产周期约持续 2h；在 Run 3 中，

先降低初始水合物藏压力，由 13.52MPa 降至 7.2MPa（高于相平衡压力 6.0MPa），关闭生产井约 20min，随后的降压操作与 Run 2 类似，依次降压至 5.0MPa、4.0MPa、3.0MPa，定压生产。之所以选择最低生产压力为 3.0MPa，一方面是为了在生成过程中提供较大的生产压差，另一方面则是控制其稍高于 CH_4 水合物的四相点(2.6MPa)，这样可以减少生产过程中冰及二次水合物形成的风险。

通过压力变化曲线可以看出，定压降压开采水合物藏时根据井口产气类型其生产过程大致可分为稳定降压阶段(阶段 1)、不稳定降压阶段(阶段 2)和定压生产阶段(阶段 3)三个阶段，其中 Run 2 和 Run 3 由于多级降压的缘故导致其定压生产阶段分别包含了两个短暂的降压步骤。从图 3.1 的放大图可以看出，三组实验中不稳定降压阶段的压力下降速率始终小于稳定降压阶段的，这是因为压力降至水合物相平衡压力以下时，水合物开始分解产生气体和水，导致不稳定降压过程中会有“气源”不断供气。在定压生产阶段，生产井产出气体则主要来自水合物分解，尽管其压力稳定但始终存在一定的波动，这个波动的频率主要取决于水合物分解的速率。

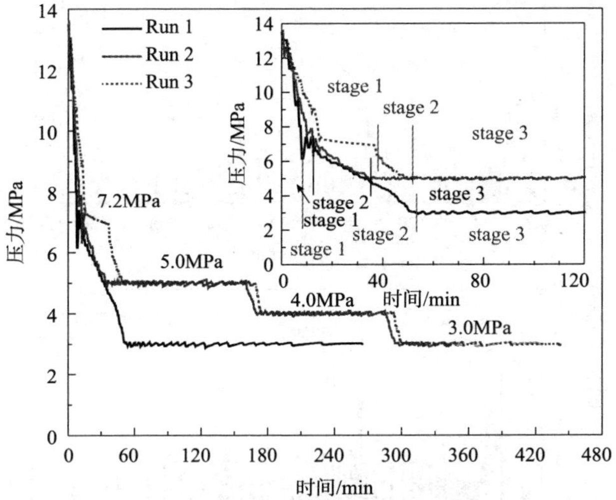

图 3.1 生产过程中反应釜中的压力变化曲线

3.3.2 产气产水特征

图 3.2 及图 3.3 分别给出了天然气水合物藏在降压生产过程中 Run1、Run2 和 Run3 的出口瞬时产气速率和累积产气量。由于 Run 3 的产气规律与 Run 2 基本相似，因此这里只对 Run 1 和 Run 2 的产气规律进行分析比较。从图 3.2 和

图 3. 3 可以明显看出，对于 Run 1 和 Run 2，整个生产过程中稳定降压阶段的瞬时产气速率最小，累积产气量分别为 5. 16L 和 12. 41L，远小于不稳定降压和定压生产阶段的，因为在此期间水合物尚未分解，出口产气主要来源于沉积物本身包含的自由气，这也是相对于不稳定降压阶段反应釜内压力迅速下降的原因。此外，产气速率较低是因为在降压生产初期，大部分自由气被包裹在水合物或多孔介质中，且没有水合物分解，通往中心生产井的气体通道尚未建立。

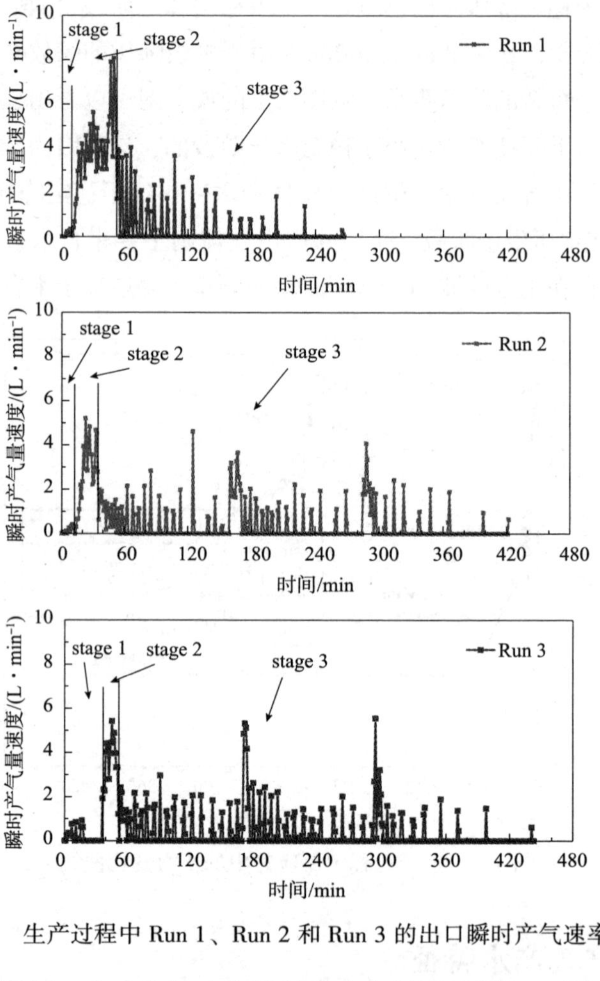

图 3. 2　生产过程中 Run 1、Run 2 和 Run 3 的出口瞬时产气速率比较

不稳定降压期间，出口产气速率及累积产气量迅速增加，因为此时反应釜内压力降至水合物相平衡分解压力以下，水合物开始分解，另外，实验中水合物藏的有效渗透率较高，导致压力变化在水合物藏内迅速传播，强化流体的流动，进而水合物快速分解，导致出口瞬时产气速率迅速升至较高值，反过来水合物藏内

快速的气体释放又可以促进水合物的分解。10 ~ 25min，Run 1 和 Run 2 的出口瞬时产气速率基本一致，随后 Run 1 的出口瞬时产气速率迅速超过 Run 2 的，增至 8.075L/min，这是由于 Run 1 中水合物藏降至较低的生产压力(3.0MPa)，相比于 Run 2 会有更多的自由气释放，且较大的生产驱动压差更促进了水合物分解的缘故。在生产过程中，井口产气速率过高会导致沉积层中流体对井筒的冲击，可能损坏井壁，甚至会引起大量产砂，导致沉积层的变形坍塌。

在定压生产期间，Run 1 的出口产气速率逐渐下降直至生产结束，而 Run 2 的则呈现均匀分布，其瞬时产气速率相对保持稳定。从图 3.3 可以看出，定压生产期间 Run 1 和 Run 2 的累积产气量分别为 67.97L 和 155.37L，累积产气量明显低于不稳定降压阶段，这是因为该阶段的出口产气主要来自水合物分解气(Run 2 中的两次短暂降压操作除外)。定压生产期间水合物藏内压力稳定、分布一致，水合物的分解吸热主要来自周围沉积物的热传导。而随着时间的推移，水合物分解速率不断下降，这是因为随着水合物分解不断释放出气和水，会导致更多的水聚集在沉积物中并覆盖在水合物表面，从而阻碍了气体从水合物中逸出。另外，Run 2 中每次降压操作均会导致出口产气等突增，因为随着反应釜内压力降低会增大生产压差。Run 1 和 Run 2 的整个生产周期分别持续约 266min 和 424min，后者约是前者的 1.6 倍，表明产气速率会随着生产压力增加而降低，进而多级降压可能会适当增加开采过程中的生产成本。由于最终 Run 1、Run 2 和 Run 3 均降至 3.0MPa，具有相同的降压幅度，因此三者的出口累积产气总量几乎相同。在

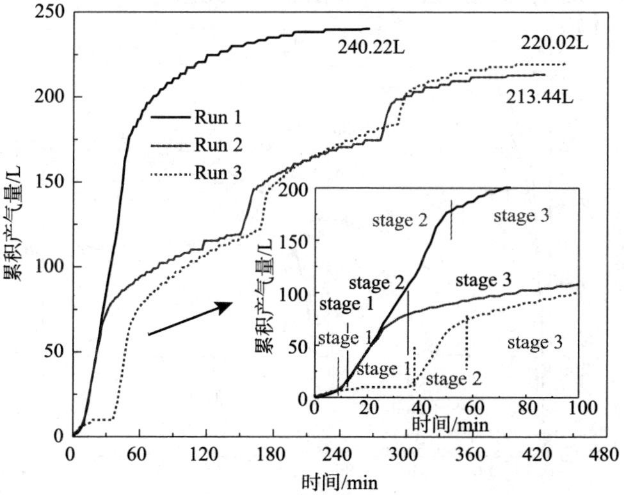

图 3.3 生产过程中 Run 1、Run 2 和 Run 3 的出口累积产气量比较

生产过程中，三组实验中出口累积产气量中约有71%来自水合物分解气，其余则主要来自沉积物本身包含的自由气。

由图3.4可以看出，稳定降压阶段三组实验均有大量自由水产出，平均产水速率约为37.23g/min，这一现象表明生产过程中反应釜内的水主要是在生产压差的驱动下流向井筒然后产出。相比于稳定降压阶段，不稳定降压阶段的产水量稍有下降，Run 1、Run 2和Run 3的平均产水速率分别为13.21g/min、12.55g/min和11.78g/min，约为稳定降压阶段的1/3，这主要是由于该阶段内水合物开始分解，水合物藏中的部分流体通道会被气体占据形成连续气相，阻碍了水的流动产出。随后在定压生产阶段，产水量显著降低(Run 2和Run 3中的两次短暂降压除外)，甚至没有水产出。因为在此期间系统压力基本稳定，多孔介质中的孔隙压力和出口压力之间的压差不足以驱除沉积物中的水使其产出，最终导致部分水滞留在孔隙空间内，生产结束后Run 1、Run 2和Run 3中釜内剩余水量分别为476.08g、467.24g和504.30g。由于最终相同的降压幅度导致Run 1和Run 2的累积产水量相近，而Run 3的累积产水量则出现了较大的差异。这可能是由以下原因造成的：在稳定降压过程中，水合物藏中的气、水主要受生产压差的驱动流向生产井，导致生产井周围会聚集较高饱和度的水，Run 1和Run 2中的水会随着生产的进行不断产出；而Run 3中由于7.2MPa下短暂的闭井操作，导致生产压差在此期间丢失，水合物藏中的水在重力作用下重新分布，生产井周围的产水量也相应地减少，之后，生产过程中产出水相对较少。

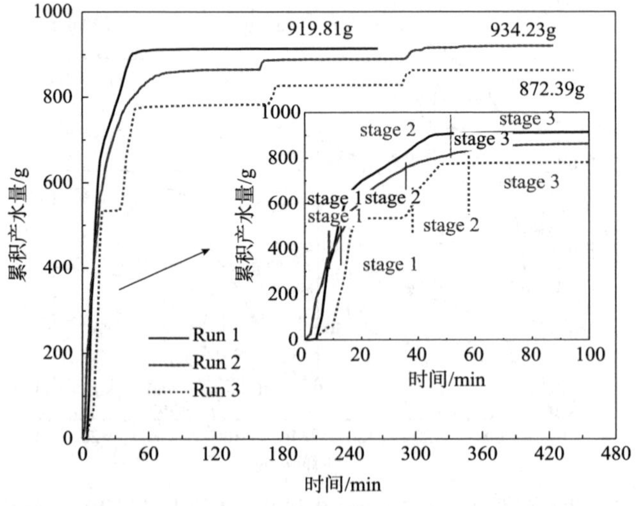

图3.4　生产过程中Run 1、Run 2和Run 3的出口累积产水量比较

3.3.3 温度变化特征

图3.5比较了生产过程中Run 1、Run 2和Run 3反应釜内不同位置处温度随时间的变化曲线，其中T11、T13及T21分别代表反应釜内壁边缘、正中心及内壁直角处温度，A、B及C则对应于釜内上、中、下不同的水平面，详细位置可见第2章图2.2所示。同样，由于Run 2和Run 3类似，这里只对Run 1和Run 2的温度变化规律进行比较。水合物藏生产过程中，温度变化曲线与图3.1中压力变化曲线相对应，Run 1和Run 2分别经历了稳定降压阶段(0～8.6min，0～12.7min)、不稳定降压阶段(8.6～51.7min，12.7～353.5min)和定压生产阶段(51.7～265min和353.5～421.5min)。

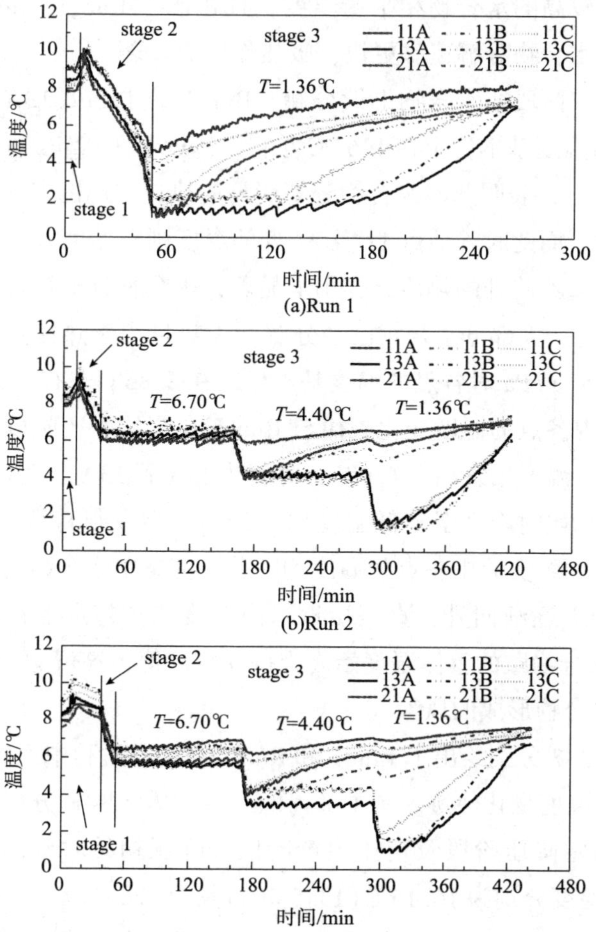

(a)Run 1

(b)Run 2

(c)Run 3

图3.5 生产过程中Run 1、Run 2和Run 3的温度变化规律比较

稳定降压阶段初期，反应釜中的各点温度基本稳定，不会随着压力的下降而发生变化，因为在此期间不存在水合物分解吸热。随后两组实验中各点温度均出现了短暂的上升，直至不稳定降压期间上升至最高，其峰值约为10.3℃，这可能是由于生产压差促使流体向生产井汇聚的过程中，强化了沉积物中自由气与水的混合，增大了两者的接触面积，同时釜内的压力位于对应温度的相平衡压力之上，促进了水合物的再形成并发生放热，从而引起以上现象。紧接着由于水合物分解吸热，实验中各点温度迅速下降，直至不稳定降压阶段结束时，Run 1 和 Run 2 中的平均温度分别降至2.45℃和6.86℃(平均降温速率分别为0.16℃/min和0.11℃/min)，前者远低于后者主要是因为生产压力的差别，定压生产过程中较高的压力对应较高的水合物相平衡温度，且相比于 Run 2，Run 1 具有较大的生产驱动压差，水合物分解速率更快，吸热作用更显著。

直至定压生产阶段，水合物继续分解。Run 1 的中心处 13A、13B 及 13C 在 51.7~125min 内温度基本稳定在1.67℃左右，接近于3.0MPa时的甲烷水合物相平衡温度(1.36℃)，表明此时水合物分解所需的热量与周围多孔介质热传导提供的热量基本一致。而此时其他点 11 及 21 处的温度则开始回升，主要是因为这些点靠近反应釜内壁，此处的热传导作用最显著，水合物分解较迅速，当反应釜压力降至3.0MPa时，大部分水合物已经分解，吸热量小于热传导供应的热量。在 Run 2 中，定压5.0MPa时各点的温度基本稳定在6.86℃左右，随后定压4.0MPa和3.0MPa期间内各点的温度变化规律与 Run 1 在定压生产阶段的相似。不同的是，Run 2 中各点温度始终高于4.0℃，尽管中心位置13A、13B 及13C 处的温度在定压3.0MPa初始时降低至较低温度(1.45℃)，但仅仅持续了较短的时间(约44.5min)。最终两组实验中各点的温度均随着反应釜中水合物的减少，在周围环境的热传导作用下逐渐回升，直至接近水浴温度。在整个生产过程中，相比于 Run 1、Run 2 水合物藏的整体温度始终维持在较高值，这可能会降低水合物藏生产过程中二次水合物形成的风险。

图3.6、图3.7分别绘出了 Run 1 和 Run 2 在生产过程中反应釜 11B、13B 及 21B 处的压力-温度变化轨迹。图中 A~B、B~C 及 C~D 分别对应于上述稳定降压阶段、不稳定降压阶段及定压生产阶段。降压初始时刻，两组实验中 A1、A2 处的相平衡温度分别为16.15℃(13.5MPa)及16.20℃(13.57MPa)，远高于水合物藏温度(8.5℃)。从图3.6和图3.7可以看出，在 A1~B1、A2~B2 期间水合物处于稳定区域，不会发生分解，因此各点温度不会随初始压力的下降而变

化，而后来出现短暂的温升现象是由于水合物的再形成并放热引起。当 Run 1、Run2 中压力分别降至 B1(6.08MPa)和 B2(6.12MPa)处，此时温度接近于水合物的相平衡温度(8.57℃和 8.69℃)，水合物开始分解，随后 Run 1 和 Run 2 中压力－温度变化(B1～C1 及 B2′～C2′)轨迹基本与 $P-T$ 曲线一致，在此期间水合物分解消耗热量主要来自多孔介质中的显热及周围环境的热传导，压力－温度变化轨迹与 $P-T$ 曲线之间存在的微小偏差，可能是由于热电偶和压力传感器的偏

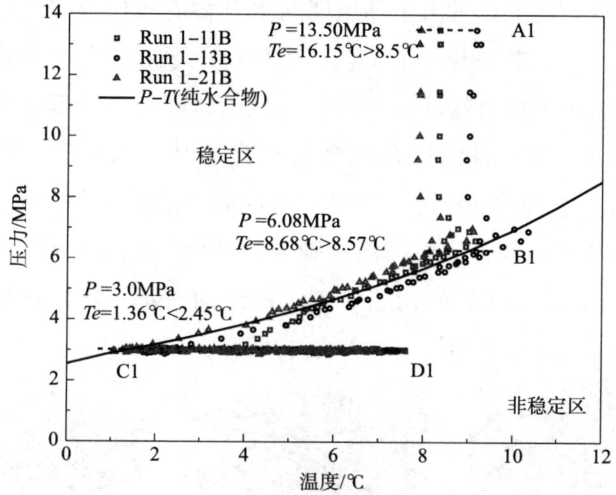

图 3.6 Run 1 在生产过程中 11B、13B 及 21B 处的 $P-T$ 曲线变化轨迹

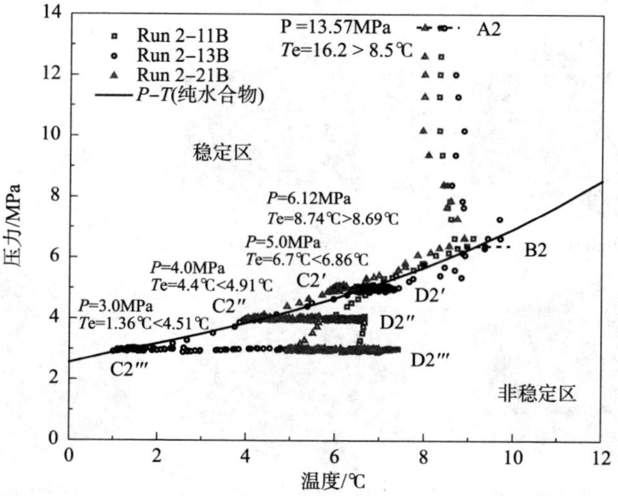

图 3.7 Run 2 在生产过程中 11B、13B 及 21B 处的 $P-T$ 曲线变化轨迹

差引起的。随后水合物在定压条件下继续分解（Run 1 中对应 C1，Run 2 则对应 C2′/C2″/C2‴），此时周围环境的热传导主要为水合物分解供热。随着水合物的不断分解消耗，水合物藏内的平均温度逐渐升至相应压力下的水合物相平衡分解温度之上，且最终会在周围环境的热传导作用下逐渐回升至环境温度，对应图 3.6 及图 3.7 中的 C1 ~ D1、C2′/C2″/C2‴ ~ D2′/D2″/D2‴。

由图 3.8 可以看出，图 3.8(a)及(f)中反应釜内大部分区域的温度均高于周围环境温度 8.5℃，这主要是由于降压期间水合物的再形成并发生放热引起，分别对应图 3.6、图 3.7 中的 B1、B2 点。图 3.8(b)及(g)为定压阶段初始时刻的温度空间分布，Run 1 水合物藏中大部分区域明显降低至较低温度，而 Run 2 的整体温度则高于 Run 1，且保持在较高值。直至 Run 1 定压生产中后期，对应图 3.8(c)及(d)，水合物藏中心生产井附近区域的温度始终较低，且明显低于其他区域。而 Run 2 水合物藏内整体温度则相对较高，如图 3.8(h)、(i)分别对应 Run 2 中定压 4.0 及 3.0MPa 的初始时刻，最终随着水合物消耗殆尽，温度回升至与周围环境温度相近，如图 3.8(e)及(j)所示。

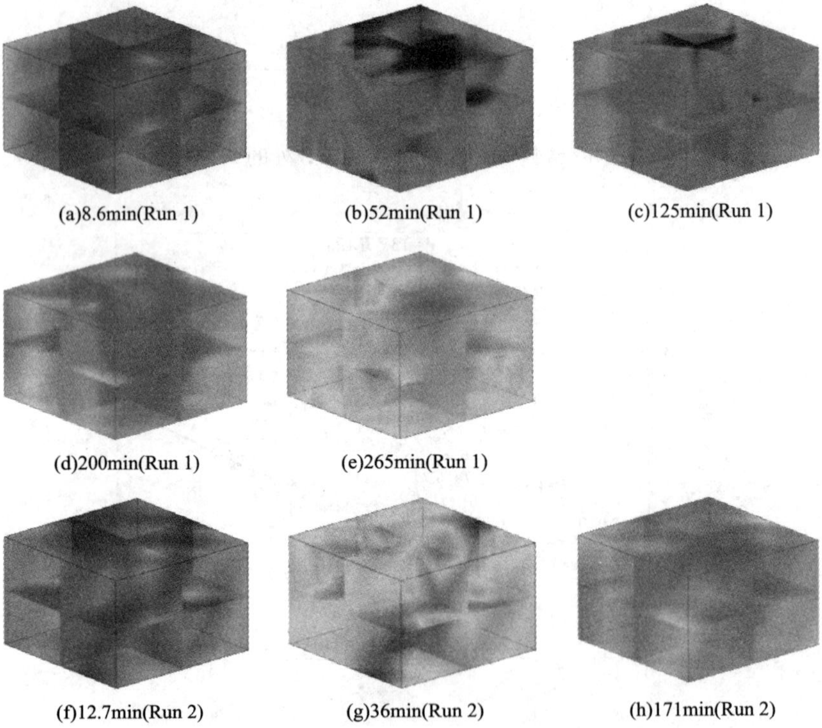
(a)8.6min(Run 1) (b)52min(Run 1) (c)125min(Run 1)
(d)200min(Run 1) (e)265min(Run 1)
(f)12.7min(Run 2) (g)36min(Run 2) (h)171min(Run 2)

图 3.8 生产过程中 Run 1 和 Run 2 的温度空间分布

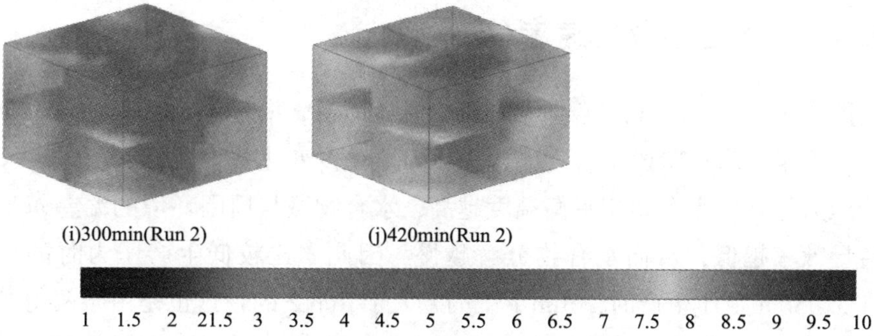

图 3.8 生产过程中 Run 1 和 Run 2 的温度空间分布(续)

3.3.4 传热特征

由图 3.9 可以看出，Run 2 和 Run 3 中 *Ste* 数随着生产压力的增加而降低，这表明生产压力越低，多孔介质沉积物中的显热对水合物分解吸热的贡献越大。在整个生产过程中，Run 1 中水合物分解所需热量中约 54.98% 来自周围多孔介质的显热，约是 Run 2 和 Run 3 中对沉积物显热消耗的 3 倍，这一现象说明多级降压有助于降低水合物分解对水合物藏中多孔介质沉积物显热的消耗，从周围环境的热传导中获得更多的所需热量。

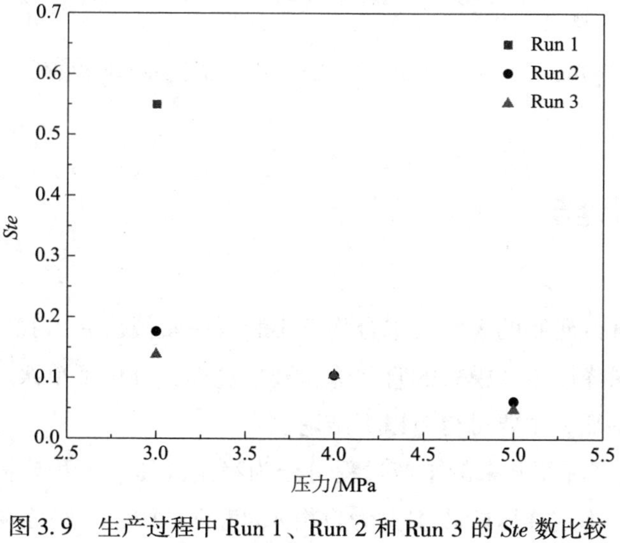

图 3.9 生产过程中 Run 1、Run 2 和 Run 3 的 *Ste* 数比较

3.3.5 水合物分解速率(k)

由图 3.10 可以看出，随着生产压力从 3.0MPa 增至 5.0MPa，k 不断减小，这是因为不稳定降压阶段水合物藏内的压力－温度变化基本沿着 $P-T$ 曲线下降，即生产压力越高，水合物相平衡温度越高，水合物藏与周围环境的温差越小，导致热传导效率越低，从而水合物分解越慢，因此 k 比较低生产压力时的小。此外，在3.0MPa 定压生产时，Run 1 中的 k 大于 Run 2 的，这也是由于两组实验中水合物藏与周围环境热传导的差异造成的。

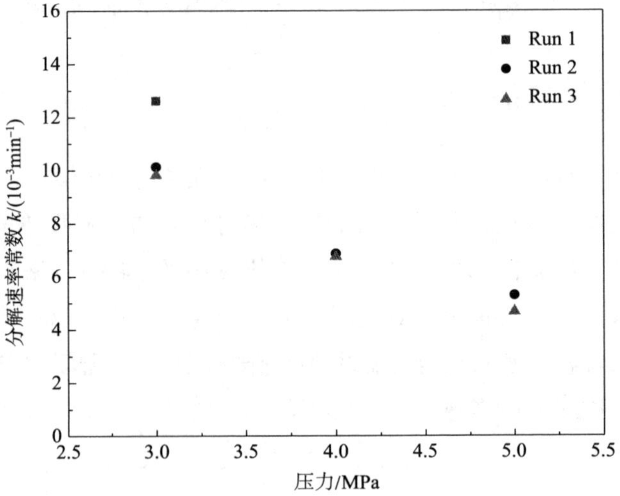

图 3.10 Run 1、Run 2 和 Run 3 定压生产过程中分解速率常数 k 的比较

3.4 小结

在实验室自行研制的天然气水合物三维装置中模拟研究了我国南海神狐海域水合物藏在不同降压生产模式的直井降压开采过程，分析了单级与多级降压时水合物藏的生产特征。主要可得出以下结论。

(1)水合物藏降压开采的生产过程可分为稳定降压、不稳定降压和定压生产三个阶段，其中稳定降压阶段主要为自由水/气的释放，不稳定降压阶段为混合水/气的释放，定压生产阶段则为分解水/气的释放。由于水合物分解提供的气源补充使不稳定降压阶段的压力下降速率始终小于稳定降压阶段的。稳定降压阶段会有大量自由水产出，因为此时水合物藏与井口的压力差较大。不稳定降压阶段水合物迅速大量分解会导致出口产气速率迅速增加，定压生产阶段会由于驱动压差较小导致产水量显著降低甚至没有水产出。

(2)降压前期会有部分水合物继续生成放热引起水合物藏内温度上升，可升至10.3℃，这主要是由于降压时水合物藏与井口的压差会促进多孔介质内流体的流动，从而强化水合物藏内气液混合的缘故。不稳定降压期间水合物藏内压力-温度变化轨迹基本与 $P-T$ 曲线一致，此时水合物分解消耗热量主要来自多孔介质中的显热及周围环境的热传导。定压期间水合物在周围环境的热传导作用下继续分解，且随着水合物的不断分解消耗，水合物藏逐渐回升或至接近周围环境温度。

(3)相比于单级降压，多级降压生产过程中的产气量分布较为均匀，其瞬时产气速率相对保持稳定。单级降压生产过程中水合物分解消耗沉积层显热约是多级降压的3倍，相比之下后者会更多地从周围环境的热传导中获得所需热量，进而整个生产过程中水合物藏始终维持在较高的温度，这可能会降低水合物藏生产过程中二次水合物形成及井筒沉积层破坏的风险。

(4)单级降压在定压生产过程中的水合物分解速率大于多级降压的，这主要是由于前者水合物分解始终处于较低的压力，较大的驱动压差促进水合物的分解，与周围环境显著的换热效果也会促进水合物的分解，同时可以相对缩短水合物生产周期、节约生产成本。无论是单级降压，还是多级降压，其最终累积产气量基本一致，因为最终的降压幅度相同，但生产过程中短暂的闭井操作会降低总产水量，Run 3 相比于 Run 2，可能是水合物藏内与井口的压差突然丢失导致自由水在重力作用下下沉的缘故。多级降压时 *Ste* 数及 k 随着生产压力的增加而不断减小，说明水合物分解时沉积物的显热贡献及水合物分解速率随着压力增加而降低。

4 不同降压速率下水合物藏的开采实验

4.1 引言

降压速率是降压幅度与降压持续时间之比，也是水合物藏降压开采过程中的一个关键参数，较大的降压速率可能会导致井口集中产水产气，不利于井筒的稳固；过小的降压速率则可能会降低水合物分解效率。如 2013 年日本 Nankai Trough 的第一次深海水合物藏试采，直接一次性迅速将 ATC－P 井处的井底压力由 13.5MPa 降至 4.5MPa，引起大量出砂导致储层坍塌。相关方面，至今在实验室鲜有报道，仅有 Uchida 等通过数值模拟评估了相同降压幅度下，降压速率对水合物藏生产特征的影响，结果发现较大的降压速率会显著增加出砂量。由于我国南海神狐海域水合物藏沉积层为泥质粉砂型，在实际生产中应选用适宜的降压方案，尤其是降压速率方面的控制。因此本章在实验室内模拟了我国南海神狐海域水合物藏在不同降压速率下的生产过程，分析其可能对水合物藏降压开采造成的影响。

4.2 实验部分

4.2.1 实验材料

实验材料见第 2 章 2.2.1 节。

4.2.2 实验装置

实验装置见第2章2.2.2节，开采实验过程中仅用到了生产井Well 13，并未使用到水平井。

4.2.3 实验方法

具体的实验方法见第3章3.2.3节，不同的是降压过程中通过控制出口背压阀以实现三组不同的降压速率，分别为0.751MPa/min、0.324MPa/min及0.199MPa/min。

4.2.4 数据处理

具体的数据处理过程与第3章3.2.4节表述一致，这里不再赘述。

4.3 实验结果与讨论

同样在实验室内生成了Run 1、Run 2及Run 3三组饱和度相似的天然气水合物样品，生成过程中共有约9.65mol气体及1988g去离子水(分三次注水)注入系统。实验在定温(8.5℃)下进行，待系统压力降至目标压力(13.5MPa左右)时，目标饱和度水合物生成结束。最终生成水合物藏中S_W约为50%，S_H约为35%，S_G约为15%。此时通过中心生产井Well 13降压开采水合物藏，开采压力为4.5MPa，进行了三组不同降压速率(0.751MPa/min、0.324MPa/min及0.199MPa/min)时水合物藏的降压生产实验，水合物藏生成及降压生产实验的相关参数如表4.1所示。

表4.1 不同降压速率时，水合物生成及开采相关实验参数

参数	Run 1	Run 2	Run 3
生成初始压力/MPa	20.72	20.18	20.25
生产结束压力/MPa	13.89	13.26	13.64
生产初始水合物饱和度	0.361	0.355	0.352
生产初始水饱和度	0.492	0.496	0.497
生产初始气饱和度	0.147	0.149	0.151
降压速率/(MPa/min)	0.751	0.324	0.199

续表

参　　数	Run 1	Run 2	Run 3
环境温度/℃	8.5℃	8.5℃	8.5℃
降压持续时间/min	12.5	27	46
定压持续时间/min	269	236	221

4.3.1　压力变化特征

图4.1所示为降压生产过程中Run 1、Run 2及Run 3的系统压力变化曲线。与前文类似，每组降压生产实验均经历了自由水/气、混合水/气及分解水/气的释放阶段，为了便于分析不同降压速率对水合物藏降压及定压期间生产特征的影响，在下面的分析中将自由水/气、混合水/气释放阶段，分别对应于第3章3.3.1节中的稳定降压和不稳定降压，两个阶段统称为降压阶段(DP)，分解气/水释放阶段对应的定压生产阶段则视为定压阶段(CP)。

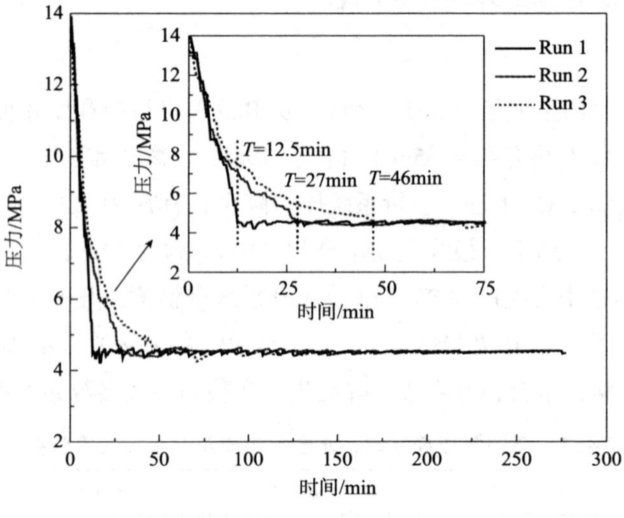

图4.1　不同降压速率时生产过程中系统的压力变化曲线

降压生产时通过调节出口背压阀压力，降低水合物藏压力，控制Run 1、Run 2及Run 3的降压阶段使其分别持续12.5min、27min及46min，平均降压速率为0.751MPa/min、0.324MPa/min及0.199MPa/min(表4.1)。由表4.1可以看出，三组实验的最终降压幅度相同($\Delta P = 9.0$MPa)，均降至4.5MPa下定压生产水合物藏。随着降压速率的减小，更多的水合物于降压期间分解，因此不同实验

Run 1、Run 2 及 Run 3 中的定压持续时间存在一定的差异。水合物藏各相初始饱和度等参数基本一致，且降压阶段相对于定压阶段时间较短，所以三组实验总的生产持续时间差别不大。

4.3.2　产气产水特征

由图 4.2 和 4.3 可以看出，相比于定压阶段，降压阶段的产气产水均较为集中且产出速率较大，其中产气速率大主要是因为降压期间的产气来源为水合物藏内初始自由气及水合物分解气，而产水集中则是由于降压期间水合物藏与井口具有较大的生产压差，足以驱动水合物藏内自由水及分解水流至井口直至产出。

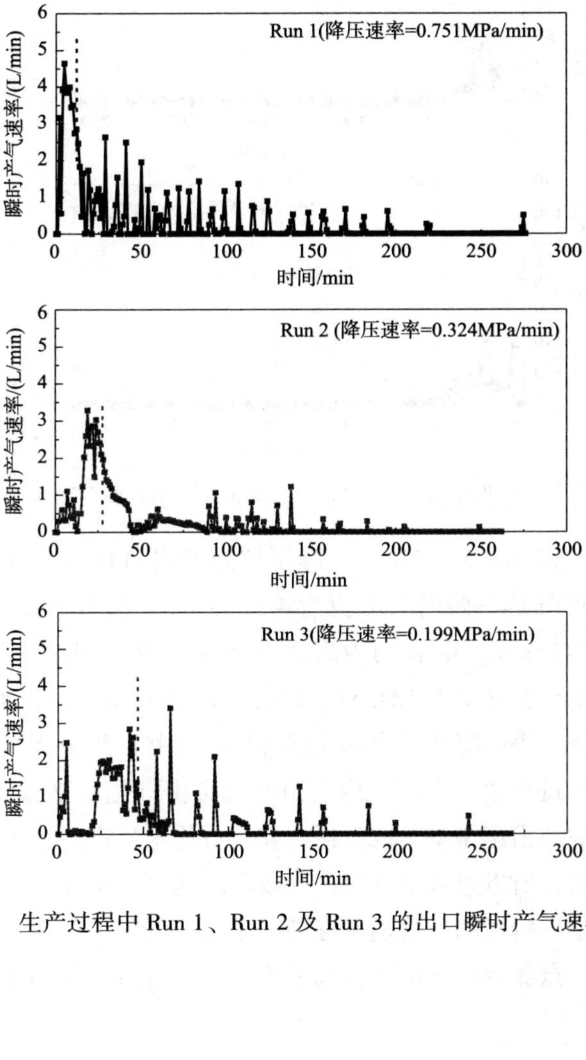

图 4.2　生产过程中 Run 1、Run 2 及 Run 3 的出口瞬时产气速率比较

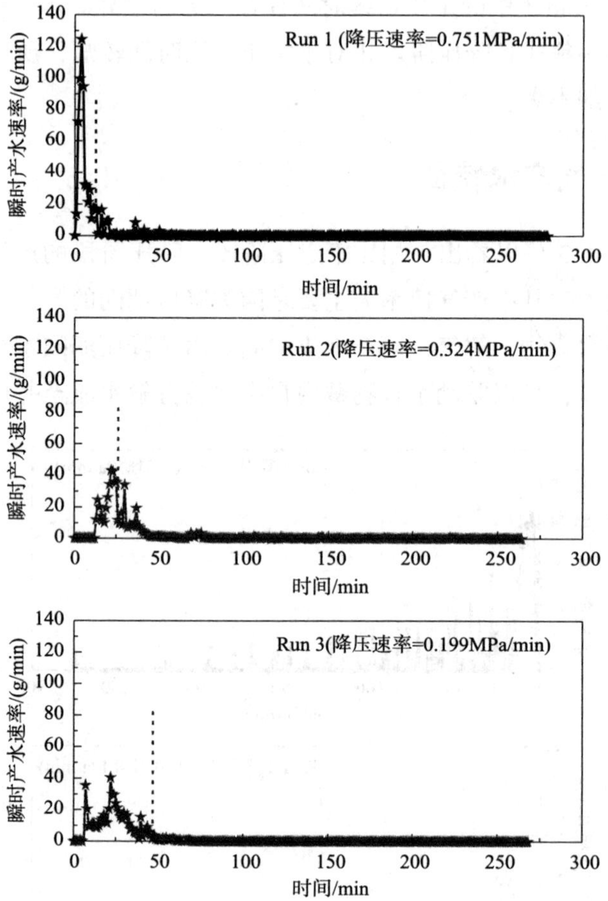

图 4.3　生产过程中 Run 1、Run 2 及 Run 3 的出口瞬时产水速率比较

相比于 Run 2 和 Run 3，Run 1 在降压期间的出口瞬时产气产水速率均维持在较高值，其中产气速率瞬时最大值为 4.64L/min，而 Run 2、Run 3 则分别为 3.01L/min 及 2.84L/min，前者约为后两者的 1.6 倍。同时，Run 1、Run 2 及 Run 3 的最大瞬时产水速率为 124.53g/min、44.87g/min 及 40.48g/min，前者几乎为后两者的 3 倍，表明降压速率越大越容易导致井口集中产气产水，因为水合物藏降压开采是通过释放水合物藏内自由水或自由气达到水合物藏降压的目的，降压速率与流体的产出速率基本成正比。在水合物藏生产过程中可能会冲击井筒致使其损坏或坍塌，所以过大的井口产气或产水速率是不允许的。另外，随着降压速率的降低，定压阶段的产气速率逐渐减小或产气频率变得更慢，这主要是由于降压速率越小，意味着更多的水合物于降压期间分解为气和水，定压期间初始

时刻水合物藏内便有相对较多的水聚集在未分解水合物周围，阻碍水合物分解气的逸出。随后在定压生产过程中，产气速率随着水合物分解速率不断减小，产水则由于生产驱动压差减小而显著下降，直至生产后期井口基本没有产水现象。

不同水合物藏生产过程中，其降压、定压期间的产气、产水情况如表 4.2 所示。由表 4.2 可以看出，Run 1、Run 2 及 Run 3 在降压期间的产气量分别为 29.92L、36.56L 及 45.09L，即降压期间的累积产气量随降压速率的降低而增加，一方面是因为降压速率慢导致水合物分解气增多，另一方面是因为水合物藏降压越快意味着同时刻下水合物藏与井口的生产驱动压差越大，更多的自由水被驱动至井口产出，占据了井筒附近较多的流通通道，阻碍了气体的产出，相应地，Run 1 在降压期间累积产水量为 575.88g，是三组中最高。三组实验最终累积产气稍有差异，这主要是因为水合物藏内气液分布的差异，导致 Run 1 及 Run 3 在生产结束时水合物藏内可能有较多的封存气滞留于多孔介质孔隙中。Run 3 的降压速率小于 Run 2，但降压期间累积产水量等于 Run 2 的，这可能是因为相对于后者，前者水合物藏初始时便有较多的水分布于井筒附近的缘故。但整个生产期间的总产水量则依然呈现随着压降速率的减小而降低的趋势。

表 4.2 三组实验中不同生产阶段的产气、产水情况

	产气量/L			产水量/g		
	降压期间	定压期间	总产气量	降压期间	定压期间	总产水量
Run 1	29.92	52.81	82.73	575.88	71.99	647.87
Run 2	36.56	50.46	87.02	491.45	95.81	587.26
Run 3	45.09	34.47	79.56	546.17	23.39	569.56

图 4.4 比较了不同水合物藏 Run 1、Run 2 及 Run 3 在降压阶段井口的平均产气速率(V_{DP})、产水速率(Q_{DP})及定压阶段井口的平均产气速率(V_{CP})、产水速率(Q_{CP})。可以看出随着降压速率的降低，降压阶段的 V_{DP} 及 Q_{DP} 依次减小，因为要使水合物藏内压力越快降至目标压力必然需要迅速排出大量自由气或自由水，与图 4.2 及图 4.3 中瞬时产气产水速率一致，定压期间的平均产气产水速率远小于降压期间的。

而不同水合物藏 Run 1、Run 2 及 Run 3 在定压期间的产气产水规律则主要与其水合物分解速率及水合物藏内的气液分布紧密相关，尤其是 Run 3，其平均产气产水速率最小，仅为 0.156L/min 和 0.106g/min，这主要是因为其相对较多

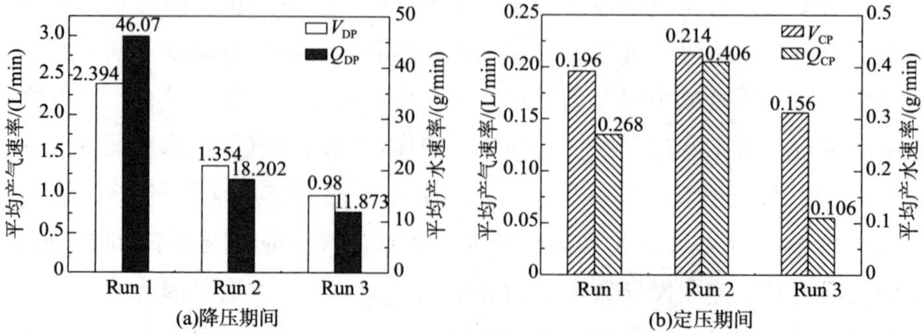

图 4.4　生产过程中平均产气产水速率

的水合物已在降压期间分解产生大量水：一方面覆盖在剩余水合物外侧，阻碍气体从水合物中逸出从而降低水合物分解速率；另一方面封存了较多的气体在多孔介质孔隙中未能及时产出。

4.3.3　温度变化特征

由图 4.5 可以看出，降压初期水合物藏内温度均由于水合物的形成出现了不同程度的上升，其中 Run 2 及 Run 3 上升幅度远大于 Run 1 的，说明前两者在降压期间有较多的水合物形成放热，主要是因为其降压速率小于后者的，生产压差促进气液流动，同时水合物藏压力也相对较长时间处于水合物相平衡之上。随着压力降至水合物相平衡压力之下，水合物迅速分解导致水合物藏内平均温度迅速降至较低值，但始终高于 4.5MPa 下的水合物相平衡温度(5.63℃)，这主要与多孔介质内水合物的分布有关，水合物聚集的位置其温度会随着压力的降低而降至相平衡温度附近，而无水合物聚集的位置处温度则变化较小，导致水合物藏整体的平均温度位于相平衡温度之上。

由图 4.5 还可以看出，温度降低速度与降压速率相关，降压速率越小温度下降速率越小，这主要是因为水合物降压分解过程中其压力－温度变化规律基本沿着 $P-T$ 相平衡曲线的轨迹变化，如第 3 章图 3.6 及图 3.7 中所示。随后定压期间，水合物藏的温度在周围环境的热传导作用下随着时间延长不断回升，回升速率与水合物藏内剩余水合物量及水合物分解速率有关。定压期间不同降压速率下，水合物藏的平均温度变化规律差异不大，也就是说降压速率对定压期间水合物藏的温度变化影响较小。

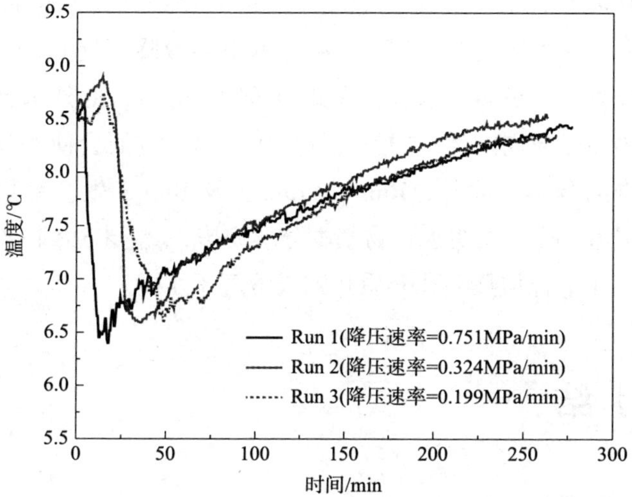

图 4.5 生产过程中水合物藏平均温度随时间的变化比较

4.3.4 水合物的分解特征

图 4.6 为不同水合物藏在生产过程中 φ_{diss} 随时间的变化曲线。与水合物藏温度变化相对应，Run 2 及 Run 3 在降压前期的 φ_{diss} 小于 0 也说明了降压速率较小会导致相对较多的水合物生成。由图 4.6 可以看出 Run 1、Run 2 及 Run 3 在降压

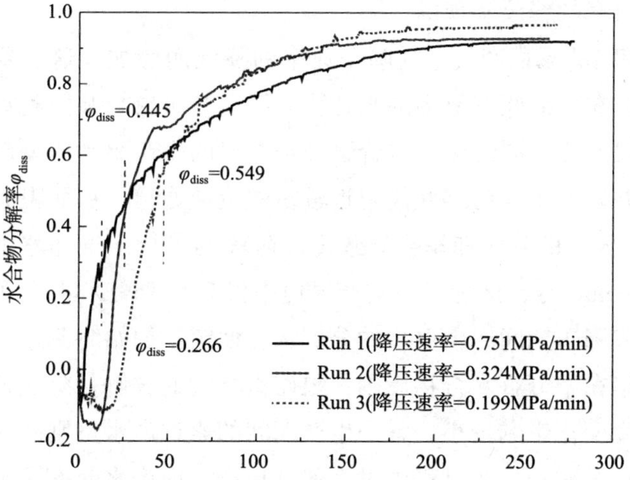

图 4.6 生产过程中水合物分解率随时间的变化比较

期间 φ_{diss} 分别为0.266、0.445及0.549，也就是说降压期间 φ_{diss} 随着降压速率的减小而逐渐增大。这主要是因为较小的降压速率导致降压期间(6.0 ~4.5MPa)的持续时间相对较长，有更多的水合物在此期间发生分解，此外水合物大量分解一方面会由于吸热促进与周围环境的热传导作用，另一方面会使产气速率增大，反过来促进水合物的分解。此外，Run 1、Run 2 及 Run 3 生产结束时 φ_{diss} 分别为0.922、0.938及0.967，表明水合物基本分解完毕，φ_{diss} 未达到1，这可能是由于部分气体被封存在水合物藏多孔介质孔隙或溶解于水中。

4.4 小结

降压速率是水合物藏降压生产时的关键参数，本章在天然气水合物三维实验装置中模拟了我国南海神狐海域水合物藏在不同降压速率下的直井降压开采过程，比较了不同降压速率下水合物藏的生产特征。主要可得出以下结论。

(1)水合物藏降压开采时，较低的降压速率可能会引起降压前期有较多的水合物继续形成。较大的降压速率会导致井口集中产气产水，降压速率为0.751 MPa/min时瞬时产气速率可达4.64L/min，是降压速率为0.199MPa/min时的约1.6倍，瞬时产水几乎为后者的3倍，主要是由于降压过程是通过水合物藏内自由水及自由气的释放实现的。

(2)降压期间的累积产气量随降压速率的降低而增加，这主要是因为较小的降压速率会导致在此期间有更多的水合物分解，其次也与井筒附近的自由水分布有关，降压越快意味着同时刻下水合物藏与井口的生产驱动压差越大，更多的自由水被驱动至井口产出，占据井筒附近较多的流通通道，从而阻碍气体产出。

(3)相反，较小的降压速率会导致定压阶段的平均产气速率下降，如降压速率为0.199MPa/min时，该阶段平均产气速率仅为0.156L/min，可能是因为降压速率越小，造成降压期间产生更多的分解水，使定压初始时刻水合物藏内便有相对较多的水聚集在未分解水合物周围，阻碍水合物的分解。降压速率对定压期间水合物藏的温度变化影响较小，整个生产期间的累积产水量则随着降压速率的减小而降低。在水合物藏生产过程中过大的井口产气或产水速率可能会冲击井筒致使其损坏或坍塌，因此应选择适宜的降压速率。

5 水饱和及气饱和水合物藏的降压开采实验

5.1 引言

游离气、游离水及水合物各相饱和度是影响水合物藏开采的关键因素，下伏游离气的存在可能会有助于水合物藏开采，这在俄罗斯 Messoyakha 气田的长期开采实践中得到了证实。多数海底水合物沉积藏则属于高含水饱和度的水合物藏，仅含有少许游离气的存在，如我国南海北陆神狐海域 W17 站点水合物藏的报道数据显示，其水合物赋存沉积层中仅有 7.8% 左右的游离气。目前在水合物开采方面的实验模拟多集中于高气饱和水合物藏，并不能较好地代表海底水合物藏。因此本章在实验室自行研制的天然气水合物三维模拟装置中制备了条件相似的水合物藏沉积物样品，针对我国南海神狐海域天然气水合物藏少气、高水饱和的储藏特点，实验模拟研究了其降压开采的生产过程，与少水、高气饱和水合物藏的降压开采进行了对比实验，结合多孔介质中气液两相流动机理分析了生产过程中两种类型水合物藏内产气产水规律及传热传质特征。

5.2 实验部分

5.2.1 实验材料

实验材料见第 2 章 2.2.1 节。

5.2.2 实验装置

实验装置见第 2 章 2.2.2 节，开采实验过程中仅用到了生产井 Well 13，并未使用到水平井。

5.2.3 实验方法

不同饱和度水合物藏的具体生成方式及实验操作已于第2章2.2节部分进行了详尽的介绍。待系统压力降至目标压力(13.5MPa左右)时，目标饱和度的两种类型水合物藏生成结束。随后缓慢调节出口背压阀压力至4.5MPa，进行高水/气饱和的水合物藏直井定压开采，实验过程中尽量确保了每组的背压阀调节速率一致，具体的实验方法见第3章3.2.3节部分，本章不再重复叙述。

5.2.4 数据处理

具体的数据处理过程见第3章3.2.4节。

5.3 实验结果与讨论

本章生成了水饱和、气饱和两种不同类型的水合物藏沉积物样品，其中水饱和水合物藏Run 1、Run 2生成过程中约有2114g去离子水注入，共分为四次注入，气饱和水合物藏Run 3、Run 4则为一次注入977g去离子水，实验温度为8.5℃。最终生成目标水饱和或气饱和水合物藏时系统压力均降至13.5MPa左右，此时水合物饱和水合物藏Run 1、Run 2的S_G分别为9.81%及9.95%，气饱和水合物藏Run 3、Run 4的S_W分别为9.13%及9.86%，四组的S_H均为35.66%左右。生成实验过程中具体相关参数如表5.1所示。

表5.1 不同饱和度水合物藏生成及开采相关实验参数

参数	Run 1	Run2	Run3	Run4
生成初始压力/MPa	20.54	20.65	20.42	20.6
生成结束压力/MPa	13.42	13.55	13.62	13.45
初始水合物饱和度/%	36.12	34.93	36.28	35.3
初始液相饱和度/%	54.18	55.27	9.13	9.86
初始气相饱和度/%	9.81	9.95	54.79	54.91
生成温度/℃	8.5	8.5	8.5	8.5
开采压力/MPa	4.5	4.5	4.5	4.5

目标水合物藏生成结束后，同样采取降压定压(4.5MPa)的方式进行开采，生产井仍为中心井 Well 13。表 5.2 给出了水饱和及气饱和两种水合物藏降压开采过程中的不同生产阶段内耗时及产气产水等具体参数。与前文类似，自由气/水释放、混合气/水释放及分解气/水释放分别对应第 3 章 3.3.1 节中的稳定降压阶段、不稳定降压阶段及定压生产阶段。由表 5.2 可以看出，水饱和水合物藏降压持续时间明显短于气饱和水合物藏的，如 Run 1、Run 2 分别为 21min、16min，而 Run3 及 Run 4 则为 36min 及 31min，这说明相比于气体，大量自由水的释放更容易达到水合物藏降压的目的。但定压分解时间却长于后者的，进而推断出水饱和水合物藏在定压过程中的水合物分解速率可能慢于气饱和水合物藏的。稳定降压期间水饱和水合物藏内自由气的释放量显著少于气饱和水合物藏的，且不稳定降压期间混合气及定压期间水合物分解气也少于后者的。相反，自由水、混合水及分解水的生产则高于后者的，尤其在定压分解期间，气饱和水合物藏几乎没有产水发生，这种现象与水合物藏的初始饱和度分布及多孔介质内气液两相流动密切相关，在本章 5.3.2 节部分对其进行了详尽的分析、讨论。

表 5.2　不同饱和度水合物藏降压开采实验的相关参数

	Run 1	Run2	Run3	Run4
降压持续时间/min	21	16	36	31
定压分解时间/min	383	332	292	268
自由气产量/L	2.67	3.25	75.70	88.35
自由水产量/g	224.47	186.46	143.35	151.48
混合气产量/L	28.28	32.20	55.54	51.78
混合水产量/g	218.87	307.07	193.79	81.3
分解气产量/L	49.61	52.98	75.58	61.01
分解水产量/g	95.53	176.34	5.49	0

5.3.1　压力变化特征

由图 5.1 可以看出，水饱和水合物藏 Run 1 与 Run 2，气饱和水合物藏 Run 3 与 Run 4 的降压过程具有较好的重复性。同样地，每组降压过程中均经历了稳定降压、不稳定降压及定压分解三个过程，其中稳定降压与不稳定降压的拐点较为准确地出现在温度为8.5℃下对应的水合物相平衡压力(6.0MPa左右)，证实了较粗石英砂(300～450μm)中天然气水合物的相平衡压力与纯溶液的相近。

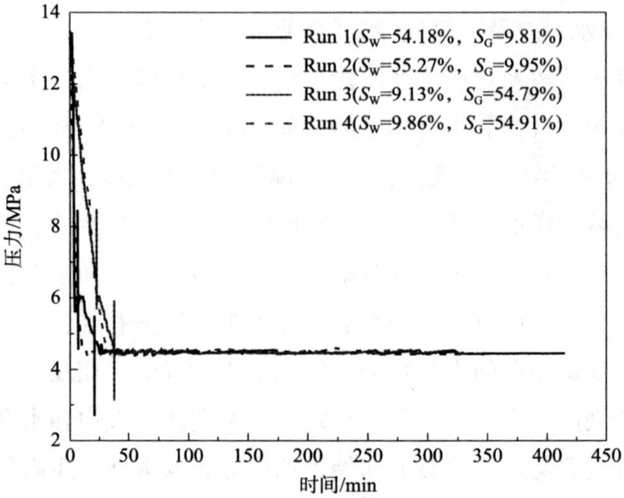

图5.1 不同水合物藏生产过程中系统的压力变化曲线

由图5.1还可以看出，气饱和水合物藏的降压持续时间较水饱和水合物藏的平均增加了约15min，这是因为，降压开采是通过释放釜内自由气/水实现的，而相对于后者，前者水合物藏内有大量初始自由气存在，导致其降压相对较慢。此外，气饱和水合物藏的定压分解过程却较水饱和水合物藏的短，这表明定压阶段前者的水合物分解速率可能快于后者的。

5.3.2 产气产水及流动特征

天然气水合物开采过程中，沉积物中的气液两相流动是一个极为复杂的问题，其渗流机理涉及多种物理化学现象。水合物藏降压定压生产过程中，待水合物分解为气和水之后，在多孔介质孔隙中汇聚流至开采井口产出，实质上也是多孔介质中气液两相渗流现象。由图5.2和图5.3可以看出，由于釜内自由气的释放使出口产气速率在稳定降压期间较大，达到峰值后下降，进入不稳定降压阶段，最终在定压生产期间降至较低值。

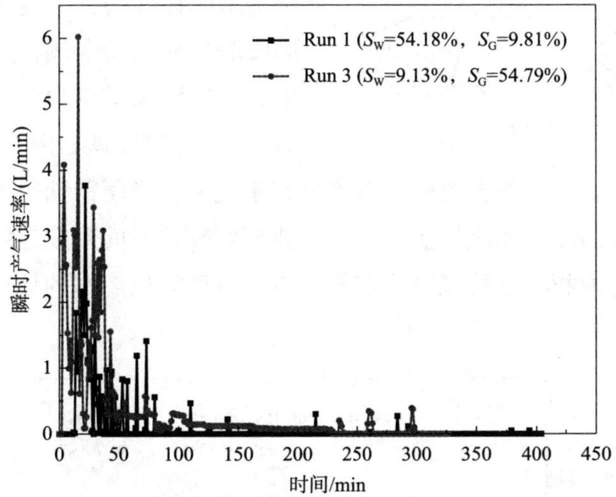

图 5.2 生产过程中 Run 1 及 Run 3 的出口瞬时产气速率比较

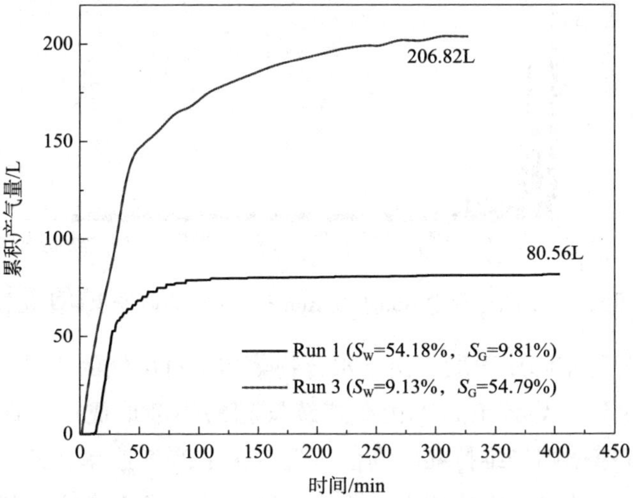

图 5.3 生产过程中 Run 1 和 Run 3 的出口累积产气量变化比较

不同的是在降压初始 10min 内，气饱和水合物藏 Run 3 出口立即产气且快速达到较高值，其峰值可达 6. 02L/min，相应地，此时 Run 3 出口已累积产气量约为 32. 25L，而水饱和水合物藏 Run 1 则几乎没有气体产出，两者在稳定降压期间平均产气速率分别约为 3. 15L/min、0. 63L/min。这主要是因为两者水合物藏初始气饱和度的差异，在稳定降压期间，水饱和水合物藏 Run 1 初始含较少气体，部分气体又会以气泡状包裹于液相，分散的气泡形成连续气相之前，流经孔隙狭

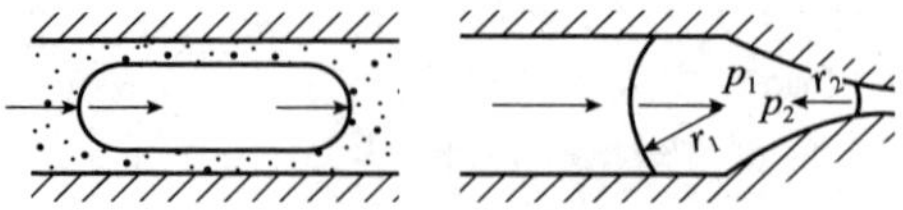

图 5.4　贾敏效应示意图

窄喉道时往往会发生变形挤压，由于收缩膨胀造成流动卡顿，从而在流动过程中会受到附加的流动阻力，即“贾敏效应”，其作用原理如图 5.4 所示。同样，气饱和水合物藏 Run 3 则会有较多液滴分布于气相，降压前期也会受到附加阻力的影响，同时水的渗流速度慢于气体，需要相对较长时间形成连续液相。这也是导致高水或高气饱和水合物藏降压前期基本没有产气或产水的原因之一，产水规律变化如图 5.5 所示。

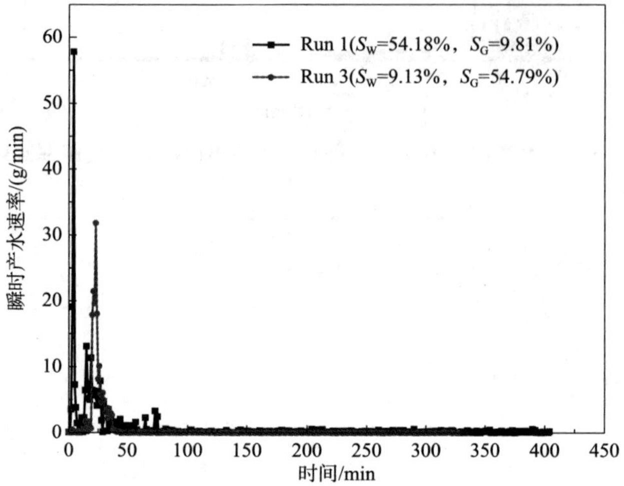

图 5.5　生产过程中 Run 1 及 Run 3 的出口瞬时产水速率比较

随后进入不稳定降压阶段，由于水合物藏初始自由气的存在，再加上水合物分解气的来源供给，导致 Run 1 由于连续气相的逐渐形成产气速率也达到较高值，Run 3 产气速率则仍维持在较高值，且 Run 1 产气速率在此期间达到了其峰值(3.77L/min)，与 Run 3 的相近。降压期间 Run 1 和 Run 3 出口累积产气量分别为 30.95L、131.24L，前者仅为后者的 1/4 左右。由此可见前者降压期间产气较少，而要达到特定的降压目标必然需要释放大量自由水，相反，由于大量自由气的释放，导致在同样的降压幅度下后者则可能仅产出相对较少量的自由水，这也在随后的产水规律中得到了证实。

定压生产期间，水饱和及气饱和水合物藏的出口瞬时产气速率均呈现逐渐下降的趋势，不同的是 Run 1 的瞬时产气速率迅速降至极低值，而 Run 3 则缓慢降低至较低值(图 5.2)。定压阶段 Run 1 的出口平均瞬时产气速率为 0.129L/min，仅为 Run 3 的 1/2，表明定压期间气饱和水合物藏的水合物分解速率可能大于水饱和水合物藏的。因为定压期间出口产气主要为水合物分解气，此时出口瞬时产气速率基本与水合物分解速率呈正相关，而水合物分解速率又会随着时间的进行不断下降，同时水合物藏中剩余水合物量也在不断减少。Run 1 和 Run 3 在此期间的出口累积产气量分别为 49. 61L 和 75. 58L，两者差异较大主要是由于定压分解初始时刻两者水合物藏内剩余水合物量不同的缘故。尽管产气速率下降，但随着水合物不断分解始终会有气体产出，而气体不同于液体，其自身不受多孔介质孔隙壁面的黏滞作用的影响，从而在压差及自身的上浮作用下流至井口产出。从图 5. 2 和图 5. 5 还可以看，瞬时产出产气或产水速率均出现较大的波动，其原因包括两方面：一方面是多孔介质孔隙中气水分布及流动过程中可能会受到各种阻力，另一方面是由于多孔介质内孔隙路径的不规则性。

由图 5. 5 及图 5. 6 可以看出，Run 1 和 Run 3 的瞬时产水速率的规律与累积产水量的类似，降压期间均维持在较高值，而定压期间降至较低值，甚至不产水。不同的是，由于水饱和水合物藏 Run 1 内初始大量自由水的存在导致其在降压初期便有大量水产出，尤其在稳定降压期间，其瞬时产水速率高达 57. 81g/min (在此期间出口几乎没有产气相对应)，累积产水量达 186. 76g，大量连续液相的汇聚产出也会阻碍气体产出，这也是导致出口几乎没有产气的原因之一。Run 3 则与之相反，可能是由于水合物藏内大量连续自由气的聚集产出阻碍了多孔介质中自由水的流动，导致在此期间基本没有水产出。

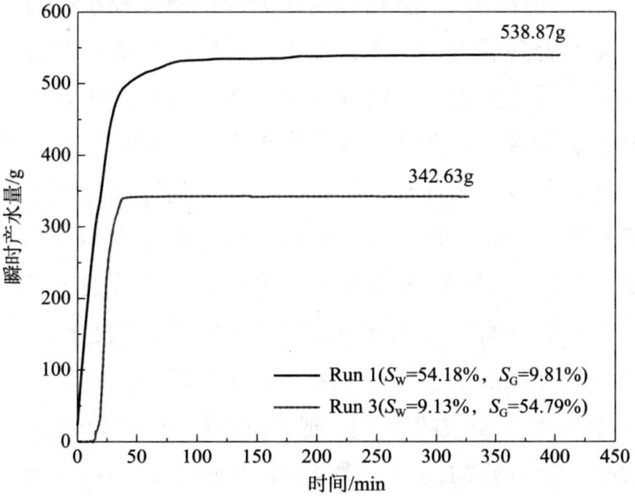

图 5. 6　生产过程中 Run 1 和 Run 3 的出口累积产水量比较

在不稳定降压期间，水饱和水合物藏 Run 1 的井口瞬时产水速率迅速降低，气饱和水合物藏 Run 3 则逐渐上升直至峰值(31.82g/min)，在此期间，Run 1 和 Run 3 的井口平均瞬时产水速率分别为13.68g/min 和21.53g/min。这主要是因为在此期间水合物藏内水合物迅速分解为气体和水，随着多孔介质中气液的不断聚集，加之生产压差的驱动，水饱和水合物藏中分解气与孔隙中自由气汇聚形成连续气相，气体迅速充满孔隙向前流动，在黏滞力的作用下阻碍水的流动，同时由于多孔介质的亲水性，也会加大水流经孔隙喉道时的阻力，甚至造成水锁现象，从而阻碍水的产出，这也是不稳定降压初始时刻水饱和水合物藏井口产气量骤增而产水量骤降的原因之一(图5.2 和图5.5)。而气饱和水合物藏中分解水与孔隙中自由水汇聚，在高速气体的带动作用下，以较快的速度向井口流动，同时多孔介质孔隙中较强的毛细管力也会促进水的流动，加上气体的推动而迅速产出，从而出现不同类型水合物藏生产过程中产水量骤增或骤降的现象，同时这也是 Run 1 的瞬时产水速率峰值集中在稳定降压期间，而 Run 3 的则集中在不稳定降压期间的原因。

定压分解期间，水饱和及气饱和水合物藏的瞬时产水速率急剧下降，尤其是气饱和水合物藏 Run 3，定压期间的累积产水量仅为5.49g，而水饱和水合物藏 Run 1 仍持续产水，尽管瞬时产水速率较小，在此期间累积产水量为95.53g。这种生产现象主要是因为：对于气饱和水合物藏，随着降压期间水合物藏内自由水及分解水的不断产出，导致多孔介质孔隙内的残存水相对较少，且水合物的分解速率逐渐下降，加之定压期间水合物藏内压力变化幅度较小，与出口之间的微小压差不足以驱除多孔介质孔隙中的水，在生产井附近形成连续液相而产出，导致其最终滞留在多孔介质孔隙内，同时这也是定压期间的产水量远小于降压期间的原因。而水饱和水合物藏则由于初始水含量较多，更容易与水合物分解水形成连续液相且聚集在井筒附近，因此导致其在定压期间仍有部分水产出。

图5.7 为 Run 1 和 Run 3 在降压、定压生产过程中井口产出气液比(R_{GW})随时间的变化曲线。R_{GW}一直被作为油气田开发过程中衡量生产效率的关键参数，R_{GW}越高，则生产效率越高。本章定义其为标准状况条件下，气体所占的体积(m^3)与液相水所占体积(m^3)之比。由图5.7 可以看出，在降压生产前10min 期间，水饱和及气饱和水合物藏的 R_{GW}出现了极端情况，即水饱和水合物藏 Run 1 R_{GW}为0，而气饱和水合物藏 Run 3 的则超过10000，这是由于前者在此期间几乎没有产气，相反后者几乎没有产水的缘故，与产气、产水曲线(图5.2 及图5.5)

相对应，主要与水合物藏的初始气液含量及分布有关。随着 Run 1 生产过程中产气量的增加，其 R_{GW} 迅速增大，但增加速率逐渐减缓，这主要是由于 Run 1 生产过程中瞬时产水速率持续下降快于瞬时产气速率下降的原因。而随着 Run 3 生产过程中产水的出现，R_{GW} 先迅速减小后又缓慢增大，则是由于 Run 3 在降压期间瞬时产水速率逐渐增大随后又逐渐减小的缘故。定压期间产出气主要为分解气，相对于液体，气体在较小的压差下更容易产出，而液体由于重力的影响则相对难以产出，导致两者在定压生产期间产水较少或几乎不产水，使两者的 R_{GW} 在定压期间仍呈现缓慢增加的趋势，尤其是气饱和水合物藏 Run 1 的。另外，气饱和水合物藏的 R_{GW} 始终大于水饱和水合物藏，前者在生产过程中的最小 R_{GW} 为 313.12，远远大于后者在生产过程中的最大值(151.68)，表明开采过程中，气饱和水合物藏相对于水饱和水合物藏具有更好的开采价值以及更高的生产效率。

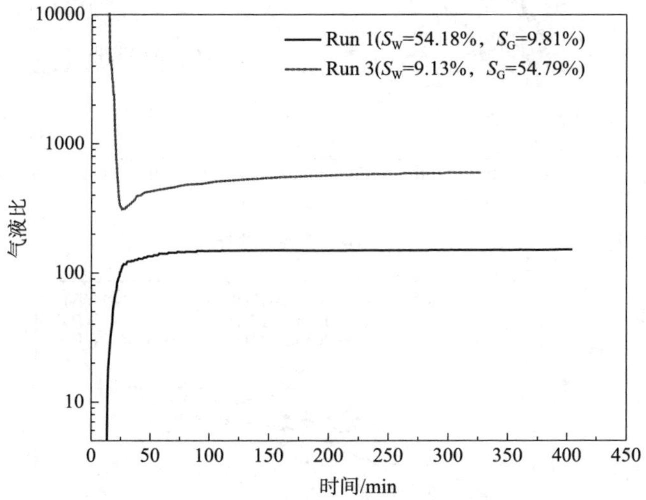

图 5.7 生产过程中 Run 1 和 Run 3 的出口气液比随时间的变化比较

5.3.3 温度变化特征

图 5.8 给出了生产过程中 Run 2 和 Run 4 水合物藏内不同位置处的温度变化规律，同样选取了 T11、T13 及 T21 处的温度进行比较分析。由图 5.8 可以看出，在稳定降压过程中，由于反应釜内水合物的继续形成，导致水饱和及气饱和水合物藏均出现了温度上升的现象，不同的是前者的上升幅度较小且主要发生在中上部，温度最高升至 8.82℃，而后者的 A、B、C 三层温度均上升至较高值，最高

可达9.29℃。这主要是因为水合物藏降压开采初期，较高的生产压差促进了反应釜内气液流动，增加了气液接触面积，使水合物在高压低温条件下继续生成的缘故。水饱和水合物藏内初始自由气含量较少且多分布于反应釜中上部，导致A、B层附近有少量水合物形成，而气饱和水合物藏内由于初始大量自由气的存在，导致相对较多的水合物继续生成，从而三层均出现升温。

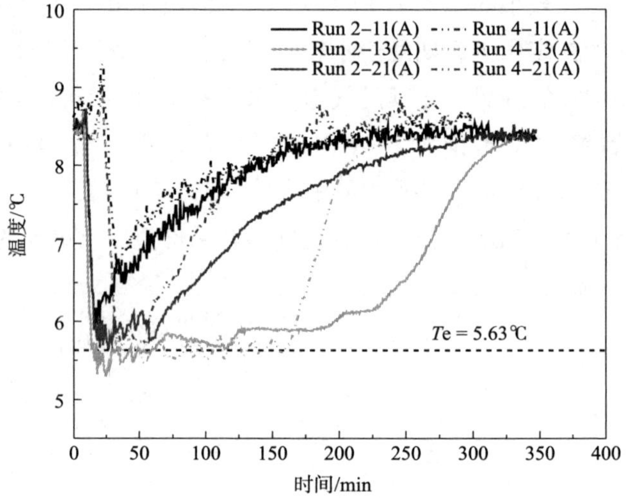

(a)A层温度变化规律

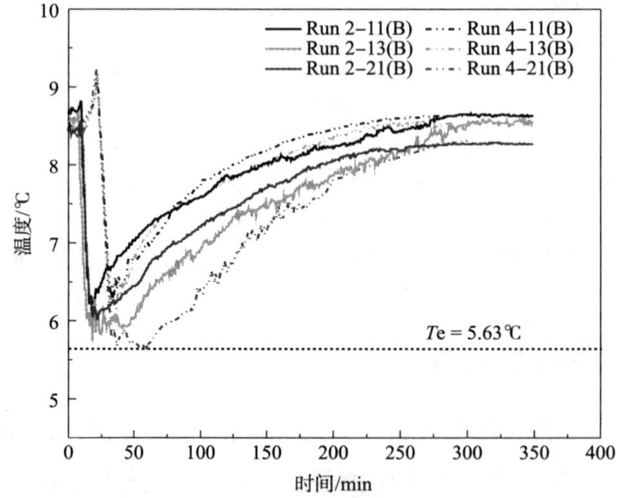

(b)B层温度变化规律

图5.8 生产过程中Run 2和Run 4的A、B、C层温度的变化规律

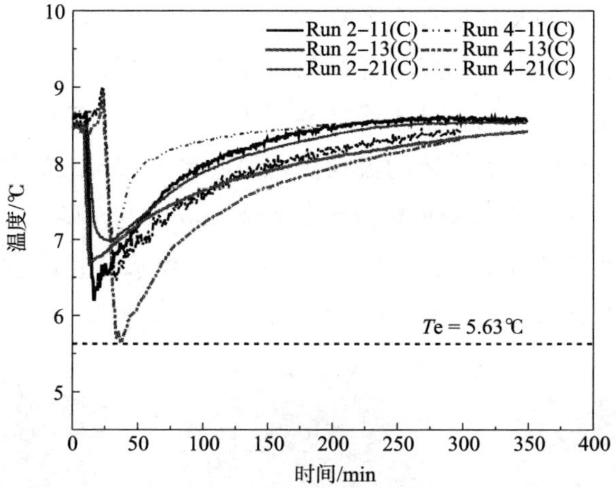

(c)C层温度变化规律

图 5.8 生产过程中 Run 2 和 Run 4 的 A、B、C 层温度的变化规律(续)

不稳定降压过程中，水合物藏压力降至水合物相平衡压力(6.0MPa)，水合物迅速分解导致各处温度急剧下降至较低值。由图 5.8 可以看出，水合物藏内 A 层各点温度下降幅度最大，基本位于定压(4.5MPa)分解时水合物相平衡温度附近，其次为 B 层，C 层则相对下降幅度较小。水合物形成前，水合物藏内气体由于上浮作用偏向于聚集在沉积层的中上部，水则在自身重力作用影响下，多聚集在中下部，从而导致最终较多的水合物赋存于沉积层的中上部，而水合物在降压分解过程中会大量消耗沉积层的显热，从而导致水合物藏内温度急剧下降，尤其是中上部。随后水合物藏内不同点的温度或维持在相平衡温度附近或缓慢回升，因为此时水合物在 4.5MPa 下定压分解，其吸热主要来自周围沉积物的热传导作用，部分位置水合物含量多，吸热量与热传导基本平衡则会导致此处温度在相平衡温度附近波动，主要位于水合物藏上层，如反应釜正中心 T13(A)及内壁拐角处 T21(A)处，其他位置则由于水合物分解吸热不足以平衡周围环境的热传导而开始逐渐回温。另外，水饱和水合物藏内各点回温速度始终慢于气饱和水合物藏的，特别是中心井附近 T13 处，这主要是由于以下原因：水饱和水合物藏内的水量始终多于气饱和水合物藏的，定压分解期间水合物分解时的供热来源主要为周围沉积物的热传导，而水具有较大的比热容导致水饱和水合物藏内的热传导作用较弱，相应地，系统回温也较慢。此外，随着水合物不断分解，水合物周围水不断聚集，不能及时产出也会阻碍气体从水合物中逸出释放，从而降低水合物分解速率。最终在周围环境的热传导作用下，各处温度均回升趋近或至外部水浴温度。

生产过程中水饱和及气饱和水合物藏(Run 2 及 Run 4)不同时刻的温度空间分布如图5.9所示。目标饱和度水合物藏生成结束时刻对应生产时间为0min，此时水合物藏内温度分布均匀，基本维持在周围水浴温度(8.5℃)附近。稳定降压生产时由于水合物藏内气液流体的流动扰动促进水合物形成放热，此时水合物藏内部分位置温度上升，尤其是气饱和水合物藏 Run 4 更为显著，中上层及下层均出现了较高的温度升高现象[图5.9(e)]，而水饱和水合物藏主要集中在反应釜中上内壁处且温度升高相对较弱[图5.9(b)]。

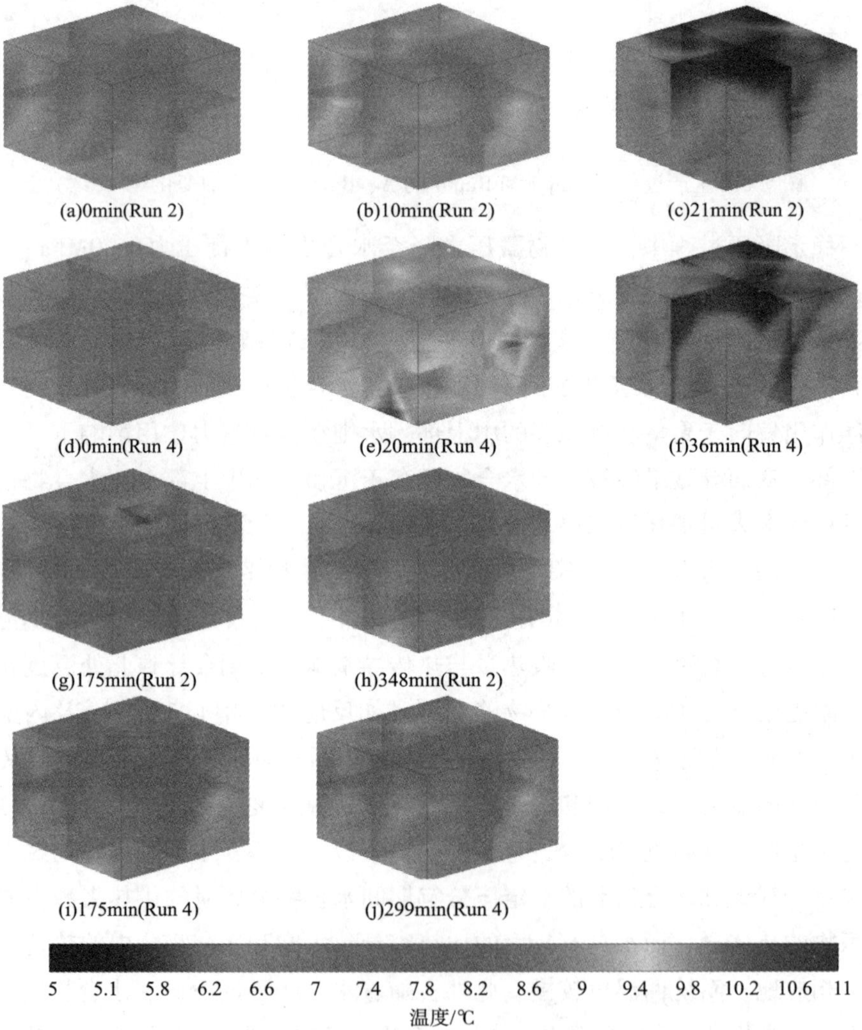

图5.9 生产过程中 Run 2 和 Run 4 的温度空间分布比较

随后水合物藏内温度急剧降至较低值，分别对应 Run 2 生产时间为 21min 及 Run 4 生产时间为 36min，尤其是反应釜中上层水合物聚集较多的位置。生产至 175min 时，气饱和水合物藏内温度基本回升至相对较高值，而水饱和度水合物藏的整体温度仍较低，其上层中心附近更为显著，这主要与热传导差异相关，直至最终生产结束时，沉积层基本回升至周围水域温度。

5.3.4 分解及传热特征

同样，为了评估不同水合物藏在降压分解过程中消耗沉积层显热及定压分解过程中水合物的分解速率，比较了不同水合物藏在生产过程中的 *Ste* 数及 *k*。由图 5.10 可以看出，水饱和水合物藏 Run 1、Run 2 的 *Ste* 数分别为 0.254、0.275，略高于气饱和水合物藏的，表明在降压过程中前者沉积层中更多的显热被消耗用于水合物分解，也就是说降压过程中有更多的水合物分解吸热，这可能是由于水饱和水合物藏中初始水含量多，降压分解过程中沉积层内相对较高温度自由水的扰动可以促进水合物分解的缘故。

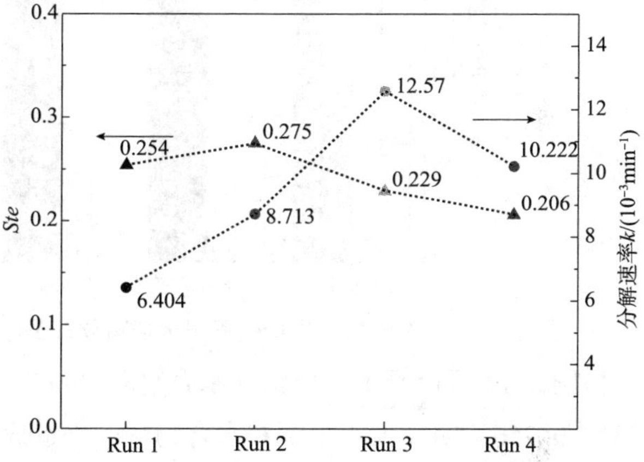

图 5.10 生产过程中 *Ste* 数及分解速率常数比较

水饱和水合物藏的 *k* 明显小于气饱和水合物藏的，甚至降低为后者的 1/2，如 Run 1 的 *k* 为 6.404，而 Run 3 的则高达 12.57，说明在定压分解过程中前者的水合物分解速率远小于后者的，主要是由于水饱和水合物藏的高含水量导致的。一方面水的大比热容会使其与周围环境的热传导作用较弱，与水合物间的温度梯度较小，从而水合物分解缓慢；另一方面水饱和水合物藏内大量水的聚集会阻碍分解气从水合物中逸出，这也是降低水合物分解速率的原因之一。

由图 5.11 可以看出，Run 1 及 Run 2 在降压期间分别约有 56% 和 43% 的水合物发生分解，两者均仅消耗了总生产时间的 5% 左右，而 Run 3、Run 4 则消耗了约两倍的时间占比(11%)分解了总水合物量的 27%、36%，前者的水合物分解效率是高于后者的，表明在降压期间水饱和水合物藏内的大量自由水有助于水合物分解。而在定压生产期间，水饱和水合物藏 Run 1、Run 2 相比于气饱和水合物藏 Run 3 及 Run 4，则为相对较少的水合物分解量占据了相对较多的生产时间，表明此时前者的水合物分解效率是低于后者的，这与之前水合物分解速率及显热消耗中的分析结果一致，即降压期间水饱和水合物藏中大量相对高温自由水会促进水合物分解，而定压生产时相对于气体，水的热传导作用较弱，导致分解速率低，且水合物周围大量水的聚集又会阻碍气体从水合物中逸出。

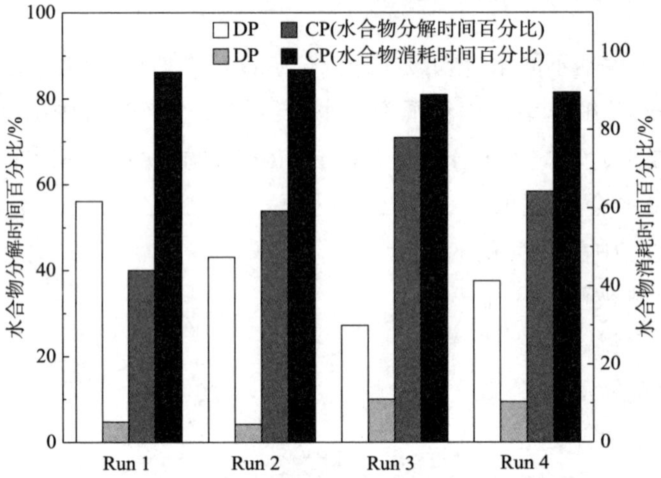

图 5.11　生产过程中水合物分解及消耗时间百分比

由图 5.12 可以看出，气饱和水合物藏 Run 3、Run 4 中气体的回收率分别为 0.731、0.756，明显大于水饱和水合物藏的，造成这种现象的原因可能是由于气液两相在多孔介质中流动时两者残存封闭气的差异所致，水合物藏在降压生产过程中会由于流体的黏滞力或多孔介质内毛细管力的作用，导致孔隙内部分封闭气的滞留。

降压过程中，水合物藏驱动压差较大，当水流遇到大小不一的分叉孔隙通道时，由于小孔道中较强的毛细管力会阻碍水的流动，水流会优先流入大孔道，而将部分气体封闭在小孔通道中。定压生产过程中，驱动压差较小，此时孔隙中的水在重力作用下流动缓慢或下渗，使下部气体不能及时逸出，同时部分水会由于毛细管力的作用而黏滞在孔隙壁面形成束缚水膜，减小气体的流通通道，增大气体的流动阻力。在整个生产过程中，相比于气饱和水合物藏，水饱和水合物藏的孔隙中始终含大量的自由水，导致生产结束时会有更多的封存气滞留于多孔介质孔隙中，因此前者的气体回收率高于后者的。

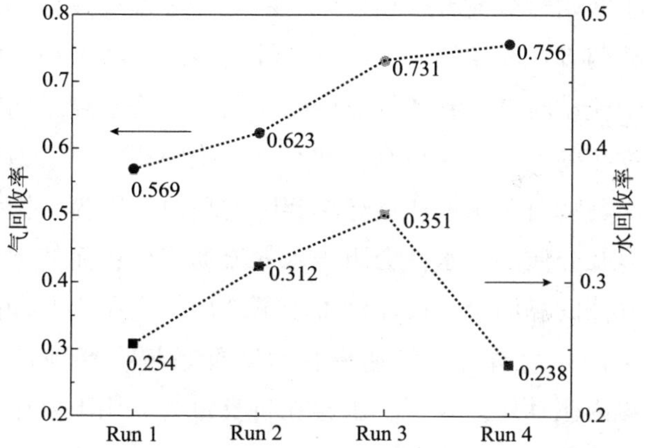

图 5.12　生产结束后不同水合物藏的气水回收率比较

由图 5.12 也可以看出，水饱和水合物藏 Run 1 及 Run 2 的水回收率分别为 0.254 和 0.312，低于气饱和水合物藏 Run 3 的，这可能是因为气饱和水合物藏降压过程中气体流速较高且持续时间较长，在流体黏滞力的作用下带出相对较多水的缘故，尤其是混合水产出阶段(不稳定降压期间)，在此期间 Run 3 的产水量已经接近 Run 1 的(表 5.2)。而同为气饱和水合物藏 Run 4 的水回收率则较低，仅为 0.238，这种现象可能是由于 Run 4 中初始水合物藏内有过多的自由水分布于反应釜下部或者距离生产井较远的釜壁处导致。

5.4　小结

水合物藏游离气含量的不同可能会影响水合物藏的降压生产特征。本章利用自行研制的天然气水合物三维模拟装置在实验室生成了水饱和及气饱和两种天然气水合物藏样品，确保初始水合物藏温度、压力及水合物饱和度相同的前提下，实验模拟了两种水合物藏的直井降压开采过程，主要可得出以下结论。

(1)降压期间水饱和水合物藏主要通过释放大量自由水实现降压，气饱和水合物藏则为大量自由气的释放，而水的释放更有助于水合物藏降压操作，因此前者的降压速率快于后者。水饱和水合物藏的生产持续时间长于气饱和水合物藏的，这主要与水合物分解速率有关。

(2)稳定降压期间，水饱和水合物藏几乎没有产气，气饱和水合物藏基本不产水，可能是由于初始时刻前者气相多以气泡形式分散在液相，后者则为水滴状存在于气相，导致两者在此期间分别缺乏连续气相或连续水相，同时气泡或水滴在多孔介质孔道中流动时会受到贾敏效应的作用。不稳定降压期间，由于水合物的分解会加速连续相的形成，导致水饱和水合物藏中有气或气饱和水合物藏中有水产出的同时，出现瞬时产水或产气速率骤降的现象，因为水饱和水合物藏中连续气相的流动及多孔介质的亲水性会阻碍水的流动产出；而气饱和水合物藏中连续水相会在高速气体的黏滞带动或流动推动下产出。定压生产期间，生产井口瞬时产水速率迅速下降，而瞬时产气速率相对降低较慢，特别是气饱和水合物藏的，此时水合物藏内驱动压差较低，水会在自身重力作用下发生下沉，而气体则会在自身的上浮作用下流至井口产出。

(3)稳定降压过程中由于水合物藏内气液流体的扰动会有水合物继续生成放热，尤其是气饱和水合物藏更为明显，其 A、B、C 三层温度均上升至较高值，最高可达9.29℃。因为其相对水饱和始终有较大的气液接触面积。不稳定降压过程中，水合物迅速分解吸热导致水合物藏内各处温度急剧下降，水合物藏上层至下层的温度下降幅度依次减小。随后在定压分解过程中，由于不同位置处水合物量的差异导致水合物藏在周围环境的热传导作用下或维持在相平衡温度附近(上层)或缓慢回升(中下层)。

(4)降压过程中，水饱和水合物藏的水合物分解速率大于气饱和水合物藏的，这可能是由于水饱和水合物藏中初始水含量多，降压分解过程中沉积层内相对较高温度自由水的扰动可以促进水合物分解的缘故，同时也会导致更多的沉积层显热被消耗。定压分解过程中水饱和水合物藏的水合物分解速率却远小于气饱和水合物藏的，其 k 降低为后者的1/2，主要还是由于水合物藏中含水量的差异导致，水的大比热使其热传导效应弱于气体的，进而水饱和水合物藏内温度回升较慢，且水合物周围大量水的聚集也会阻碍水合物中气体的逸出，阻碍水合物分解，这也是在此期间前者水合物分解效率小于后者的原因。

(5)不同类型水合物藏生产结束时，气饱和水合物藏中气体的回收率明显大于水饱和水合物藏的，这可能是由于气液两相在多孔介质中流动时两者残存封闭气的差异所致，且前者的水回收率低于后者的，因为气饱和水合物藏降压过程中气体流速较高且持续时间较长，在流体黏滞力的作用下，可能会带出相对较多的水，当然这也与水合物藏内的气液分布有关。

6 南海神狐海域水合物藏的直井降压开采数值模拟

6.1 引言

南海神狐海域水合物资源储量丰富，中国地质调查局于 2017 年 5 月在该区域成功实施了短期海域水合物藏试采工程。数值模拟作为水合物藏开采模拟的便捷手段，可以有效地评估水合物藏较长开采周期的生产特征。目前已有不少关于南海神狐海域水合物藏的数值模拟研究，但多以 SH7 及 SH2 站位为主，所建立数值模型均为无游离气的单一水合物层，试采的 W17 站位水合物藏则含少许游离气。同时，未来水合物藏开采必然会涉及多井联合的生产模式，此时合适的井间距是提高水合物藏开采效率的关键，国内外在水合物藏多垂直井联合开采方面的研究尚无相关报道。因此，本章基于 W17 站位水合物藏的储层条件，建立了包含水合物层Ⅰ、含少许游离气的水合物层Ⅱ、下伏游离水/气两相 Mud 层及上下盖层的多层水合物藏物理模型，以试采 60 天的生产数据为指导，利用 TOUGH + HYDRATE 对南海神狐海域水合物藏进行了长达 10 年的垂直井降压开采数值模拟，分析了少许游离气存在时水合物藏生产期间的产气产水规律、压力场、温度场及各相饱和度空间分布，比较了下伏游离气对水合物藏生产特征的影响。同时模拟了垂直井网降压开采水合物藏时的生产特征，结合势的迭加理论分析了井间干扰作用对生产过程中压力场、温度场及流场变化的影响，初步确定了垂直井网降压开采水合物藏时的较优化的井间距。

6.2 数值模拟方法

本文开展的数值模拟计算均基于改进的 TOUGH + HYDRATE 进行，其可用于分析复杂地层中多相、多组分的相变、流动及传热传质等问题。该代码包含水合物形成分解的相平衡和动力学两个模型，考虑了热流和物质组分(水、CH_4、水合物及水溶性抑制剂)，气、液、冰、水合物等四相中可以存在不同的组分，进而可以相对完整地描述不同开采方法下水合物的分解机制。相平衡模型中，水合物被视为一种相态，只要压力、温度条件适宜便可瞬时生成或分解，本文降压开采模拟时选用此模型；动力学模型中，水合物既是一种相态，又是一种组分，反应过程受动力学效应影响，反应速率采用单独的动力学方程描述，因此比相平衡模型多一个自由度。

为了有效处理水合物反应过程中涉及的相变问题，数值模拟过程中采用了“主变量转换法(Primary Variable Switch Method，PVSM)”耦合的方式求解模型方程的主要参数，次要参数通过其他本构方程求得。多孔介质中的气液多相流动速度较低，流体速度利用经典的达西定律计算，一方面避免了直接求解动量的复杂性，另一方面不需要与质量守恒方程耦合计算，进而提高了计算效率。

截至目前，TOUGH + HYDRATE 已被广泛应用于国内外多个天然气水合物藏的开采模拟研究，探究不同开采方式下水合物藏的分解特征及生产规律，为天然气水合物藏的开采提供一定的理论指导。

6.3 南海神狐海域天然气水合物藏特征

神狐海域地处我国南海北陆西沙海槽和东沙群岛之间，位于欧亚板块、太平洋板块及印澳板块三者交汇区域，新生代沉积厚度达 1000 ~ 7000m，总有机碳含量为 0.46% ~1.9%。该区域地层条件优越，不仅有烃类气体运移所需的优良通道，还具备适宜天然气水合物形成的温度、压力条件，进而蕴含丰富的水合物资源。中国地质调查局于 2007 年在我国南海神狐海域共完成了 8 个站位的钻探，其中 SH2、SH3 及 SH7 三个站位成功钻获天然气水合物样品，预测该区域水合物藏中天然气储量约为 $1.6\times10^{10}m^3$，可占我国已探明油气资源量的一半。5 个钻探站位温度原位测量结果显示该区域的地温梯度在 0.043 ~ 0.068K/m，结合 19 个站位的地温梯度及室内沉积物热导率测量结果，计算得出神狐海域海底平均热流约为 $76mW/m^2$。通过天然气水合物样品的初步分析结果可得，该区域孔隙水盐度质量分数在 2.90% ~3.15%。不同于俄罗斯

Messoyakha 冻土区、加拿大 Mackenzie 三角洲、美国 Alaska 北坡及日本 Nankai Trough 海域水合物藏的是，我国南海神狐海域水合物藏储层为致密的泥质粉砂型，该区域海底沉积物以粉砂（32 ~ 63μm）为主，黏土含量不少于 20%，导致水合物沉积层具有非常小的渗透率，这也对我国水合物藏的开采构成了较大的挑战。

本文模拟靶区为我国南海北陆神狐海域 W17 站位水合物富集区，属于珠江口盆地珠Ⅱ坳陷白云凹陷的一部分，如图 6.1（a）所示。该区域蕴含丰富的水合物资源，2017 年我国在该站位成功实施了短期的海域水合物藏试采（如图 SHSC－4，实则为 W17 站位），W11－17 站位拥有较厚的水合物层，最大水合物层厚度可达 95m，平均厚度约为 57m，整个水合物储藏呈南北向分布，面积约为 6.42km^2［图 6.1（b）］。

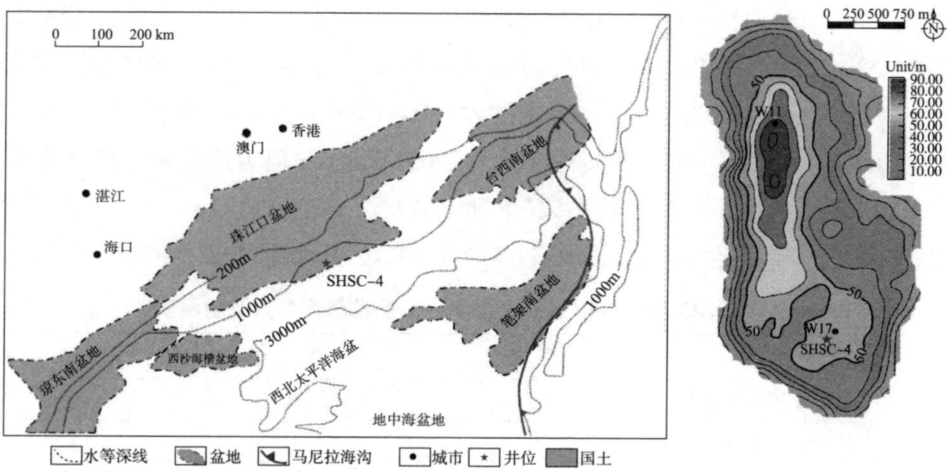

(a)南海神狐海域水合物藏试采位置

(b)W11-17站位水合物厚度分布示意图

图 6.1　试采位置及厚度分布

6.4　单直井降压开采模拟

建立二维水合物藏模型时，主要做了以下假设。

（1）水合物及固相沉积物不可流动，多孔介质中气液流动遵循达西定律。

（2）液相中的 CH_4 溶解符合亨利定律。

(3)水合物生产或分解过程满足相平衡反应。

(4)水合物分解过程渗透率依赖流体孔隙度的变化，满足 Kozeny - Carman 方程。

(5)储层为均匀多孔介质。

(6)水合物藏为单组分 CH_4 水合物，水合物的分子式为 $CH_4 \cdot 6H_2O$。

6.4.1 二维水合物藏模型参数及网格划分

根据实地勘探数据可知我国南海北陆神狐海域 W17 站位水合物藏属于 Class 1 型水合物藏，可细分为两个水合物层和一个下伏游离水/气层：该站位海水深度为 1266m，水合物层 I 厚度位于海底以下 201 ~ 236m，平均孔隙度为 0.35，平均水合物饱和度为 0.34，本征渗透率为 $2.9 \times 10^{-3} \mu m^2$；水合物层 Ⅱ 厚度位于海底以下 236 ~ 251m，平均孔隙度为 0.33，平均水合物饱和度为 0.31，本征渗透率为 $1.5 \times 10^{-3} \mu m^2$；Mud 层(下伏游离水/气层)位于海底以下 251 ~ 278m，平均孔隙度为 0.32，平均气饱和度为 0.078，本征渗透率为 $7.4 \times 10^{-3} \mu m^2$。具体地层参数取值为：气体组分为 100% CH_4，地温梯度为 0.0443K/m，海水(孔隙度)盐度质量分数为 3.05%，海底沉积物的真实密度取为 $2200kg/m^3$(其值为该区域沉积物的实验室测量结果)，海底沉积物导热系数(饱和水)($k_{\Theta RW}$)取 1.7W/(m·K)，水合物沉积层的导热系数(不含水)($k_{\Theta RD}$)取 1.0W/(m·K)，其他相关物理参数详见表 6.1。

表 6.1 神狐海域 W17 站位天然气水合物藏模型参数及地层条件

参数	数值
上盖层 & 下盖层厚度	20m
水合物层 I 厚度	35m
水合物层 Ⅱ 厚度	15m
Mud 层厚度	27m
初始压力(水合物层 Ⅱ 底部)	15.504MPa
初始温度(水合物层 Ⅱ 底部)	14.82℃
初始孔隙度及平均饱和度	上盖层($S_A = 1.00$，$\varphi = 0.35$)
	水合物层 I ($S_H = 0.34$，$S_A = 0.66$，$\varphi = 0.35$)
	水合物层 Ⅱ ($S_H = 0.31$，$S_A = 0.612$，$S_G = 0.078$，$\varphi = 0.33$)
	Mud 层($S_A = 0.922$，$S_G = 0.078$，$\varphi = 0.32$)
	下盖层($S_A = 1.00$，$\varphi = 0.32$)
气体组分	100% CH_4

续表

参　数	数　值
地温梯度	0.0443K/m
孔隙水盐度	3.05%
本征渗透率 $k_x = k_y = k_z$	上盖层 & 水合物层 I $2.9\times10^{-15}m^2$（$=2.9\times10^{-3}\mu m^2$）
	水合物层 II $1.5\times10^{-15}m^2$（$=1.5\times10^{-3}\mu m^2$）
	Mud 层 & 下盖层 $7.4\times10^{-15}m^2$（$=7.4\times10^{-3}\mu m^2$）
开采井内渗透率	$1\times10^{-9}m^2$（$=1000D$）
沉积层密度	$2200kg/m^3$
湿热导率	1.7W/(m·K)
干热导率	1.0W/(m·K)
复合导热系数模型	$k_{\Theta C} = k_{\Theta RD} + (S_A^{1/2} + S_H^{1/2})(k_{\Theta RW} - k_{\Theta RD}) + \phi S_I k_{\Theta I}$
毛细压力模型	$P_{cap} = -P_{01}[(S^*)^{-1/\lambda} - 1]^{1-\lambda}$
	$S^* = (S_A - S_{irA})/(S_{mxA} - S_{irA})$
S_{irA}	0.30
λ	0.45
P_{01}	10^5Pa
相对渗透率模型	$k_{rA} = (S_A^*)^n$，$k_{rG} = (S_G^*)^n$
	$S_A^* = (S_A - S_{irA})/(1 - S_{irA})$
	$S_G^* = (S_G - S_{irG})/(1 - S_{irA})$
n	5.00
n_G	3.50
S_{irG}	0.030

由图6.2可知，模拟水合物藏区域实为圆柱体，上盖层取20m（$-20m \leqslant Z \leqslant 0m$），由于所需数据缺乏，其孔隙度和渗透率视为与水合物层Ⅰ相同，水合物层Ⅰ厚度为35m（$-55m \leqslant Z \leqslant -20m$），水合物层Ⅱ厚度为15m（$-70m \leqslant Z \leqslant -55m$），下伏游离水/气层厚度为27m（$-97m \leqslant Z \leqslant -70m$），其相关饱和度、孔隙度及渗透率等参数均与报道参数一致，下盖层取20m（$-117m \leqslant Z \leqslant -97m$），其孔隙度和渗透率同样视为与Mud层相同，上下盖层均可渗透，其厚度足以描述开采过程中与水合物层及上下游离水层的热流交换。所建模型径向取值为150m，足够描述开采过程中水合物藏的压力传播。

本文模拟的 $0m \leqslant R \leqslant 150m$，$-117m \leqslant Z \leqslant 0m$ 圆柱体系沿着 R、Z 方向共被离散为 $81\times194 = 15714$ 个网格，其中包含15452个活跃网格，模拟区域的最上

层及最下层边界被定义为非活跃网格，其温度和压力在模拟过程中均保持恒定。沿 Z 方向，上下盖层分别被均匀划分为 20 个网格，网格间距为 $\Delta Z = 1.0\text{m}$，水合物层Ⅰ、水合物层Ⅱ及游离气层则被均匀划为 70 个、30 个、54 个网格，网格间距为 $\Delta Z = 0.5\text{m}$。因为在水合物开采过程中，开采井周边区域内的传质传热、相变过程均是非常剧烈的，因此这里对该区域的网格进行了细密划分。随着距开采井的距离增加，沿 R 方向将网格依据对数增长的方式进行划分，其中初始网格长度为 0.05m。模拟过程中视水合物分解为相平衡反应，上述划分网格共产生 31153 个耦合数值方程。

6.4.2 开采直井设计及开采方法

如图 6.2 所示，开采井为单一垂直井，位于圆柱的中心处，有效半径为 0.10m。由于水合物层Ⅰ厚度较大，水合物层Ⅱ虽然较薄，但包含水合物、游离水、游离气三相，说明其地层温度、压力与水合物相平衡状态更接近，因此本文选择对二者同时进行开采，即生产井贯穿水合物层Ⅰ及水合物层Ⅱ。模拟过程中始终认为海底沉积物均质分布，相关参数具有均一性，从而模拟区域关于开采井轴对称，所以只对其径向（$0\text{m} \leqslant R \leqslant 150\text{m}$）进行了模拟。为了简化求解，假设开采井内的流体同样遵循达西定律，井内渗透率取值为 $1 \times 10^{-9}\text{m}^2$，孔隙度为 1.0，毛细管压

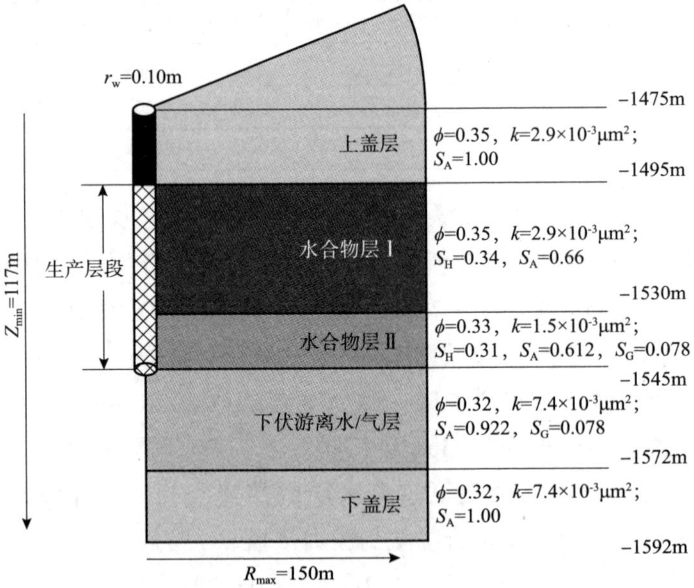

图 6.2 南海北陆神狐海域 W17 站位水合物藏模型示意图

力取值为0，而在开采过程中井内流体的流动则需要 Navier - Stokes 方程描述。

降压法开采天然气水合物一直被公认为是目前有效可行的方法之一，且已多次在海域天然气水合物藏试采中得到验证，如 2013 年及 2017 年日本 Nankai Trough 进行的两次深海水合物藏降压试采，2017 年我国南海北陆神狐海域 W17 站位泥质粉砂中天然气水合物藏试采的方式也同样为降压试采。因此在本文中开采直井压力，取值为4.5MPa，井底压力即水合物层Ⅱ底部初始压力为 $P_0=15.504\text{MPa}$，降压驱动力为 $\Delta P=0.71P_0$。

6.4.3　结果及讨论

我国南海神狐海域 W17 站位的水合物储层主要由粉砂和黏土组成，其小粒径及非成岩性均会导致开采过程中固相泥砂及水合物随着气液流体运移流动，严重时会引起井筒大量产砂甚至堵塞及沉积层变形等问题，产生的致密沉积物具有极低的渗透性，也不利于降压开采时水合物分解气的流动产出，此外一旦水合物分解失去控制，可能会破坏生态环境，这些均增加了该区域水合物开采的难度。考虑到上述因素，我国在试采中基于“三相控制理论”，成功运用了地层流体抽取法，实现了持续产气 60 天，最高产气速率可达 $35000\text{Nm}^3/\text{d}$，累积产气量约为 $30.9\times10^4\text{Nm}^3$，图6.3 给出了试采 60 天的累积产气量及不同试采阶段的平均产气速率。

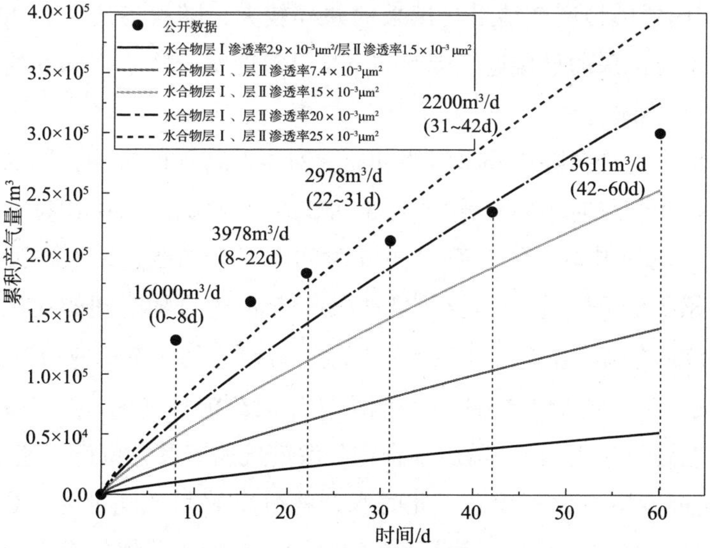

图6.3　我国南海神狐海域 W17 站位水合物藏 2017 年试采累积产气量

由图 6.3 可以看出，试采 42 天内产气速率随着时间延长不断下降，42～60 天又出现上升的趋势。初始 8 天内产气速率为 16000Nm³/d，约为随后 52 天产气速率的 4～7 倍，这可能是因为初始阶段由于钻井施工导致井筒附近聚集有较高饱和度游离气的缘故。随着井筒附近游离气的耗尽产气速率迅速降至较低值(3978Nm³/d)，且在随后的 20 天内产气速率逐渐降低，于 31～42 天降至 2200Nm³/d，因为在致密的低渗透率沉积层中压降传播缓慢，水合物分解速率较小且流体流动也会受限。而在 42 天后产气速率却增至 3611Nm³/d，可能是由于局部水合物分解后导致沉积层有效渗透率提高引起的。

在开采时，除了钻井施工会导致井筒附近的水饱和度、气饱和度及有效渗透率相应增加，且随着开采时间的进行水合物不断分解，储层中气液固三相流体的运移流动也会使水合物储层的有效渗透率得到提升，这也是引起试采后期产气速率突升的原因。因此为了准确地评估我国南海神狐海域水合物藏较长周期内的生产情况，本文首先计算了 60 天内水合物层Ⅰ和Ⅱ在不同渗透率($7.4\times10^{-3}\mu m^2$、$15\times10^{-3}\mu m^2$、$20\times10^{-3}\mu m^2$、$25\times10^{-3}\mu m^2$)下的产气结果，并与试采产气量进行了对比。由图 6.3 可以看出，产气量会随着渗透率的增加依次提升。当渗透率为 $20\times10^{-3}\mu m^2$ 时，累计生产 60 天的产气量与试采的趋于一致，总产量也与试采结果基本吻合，试采初期的产气量因为会受到井筒附近高气饱和度的影响，所以初始 22 天内的模拟产气结果与试采的差异较大，随后渗透率为 $20\times10^{-3}\mu m^2$ 时的模拟结果与试采的最接近，因此在下文计算时水合物层Ⅰ和Ⅱ的本征渗透率取值为 $20\times10^{-3}\mu m^2$。

为了评估水合物藏降压开采时驱动压差对生产特征的影响，图 6.4 给出了水合物藏直井降压开采时不同开采压力(3.0MPa、4.5MPa、6.0MPa)下，水合物分解产气速率(V_R)及井口产气速率(V_P)随时间的变化曲线，图 6.5 为不同开采压力下水合物累积分解气量(Q_R)及井口累积产气量(Q_P)随时间的变化规律。以开采压力 4.5MPa 为例，在定压开采初始时刻，分解产气速率迅速增至 103208Nm³/d，井口产气速率达到 54755Nm³/d，因为初始时刻流体的驱动压差最大(井口与沉积层的压差处于最大值)。随后水合物分解产气速率及井口产气速率迅速下降，直至 30 天时前者始终大于后者，此时水合物分解累积产气量为 250451Nm³，井口累积产气量为 188363Nm³，表明水合物藏内水合物的分解气并未全部流入生产井产出，仍有大部分分解气滞留在水合物藏。

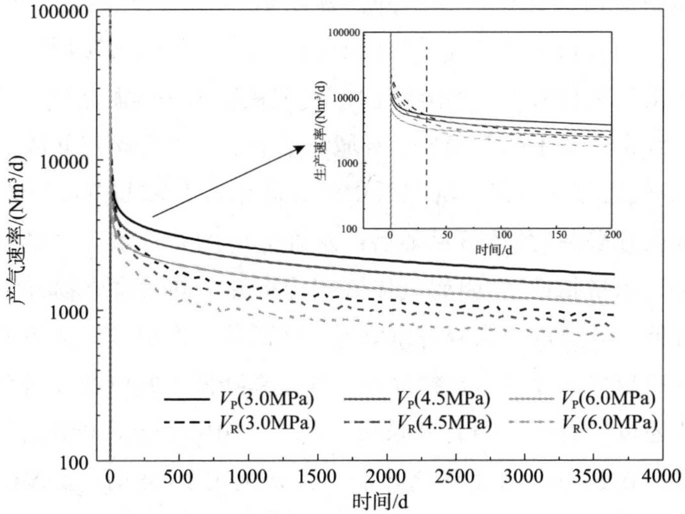

图 6.4　不同开采压力下，产气速率 V_R 及 V_P 随时间的变化曲线

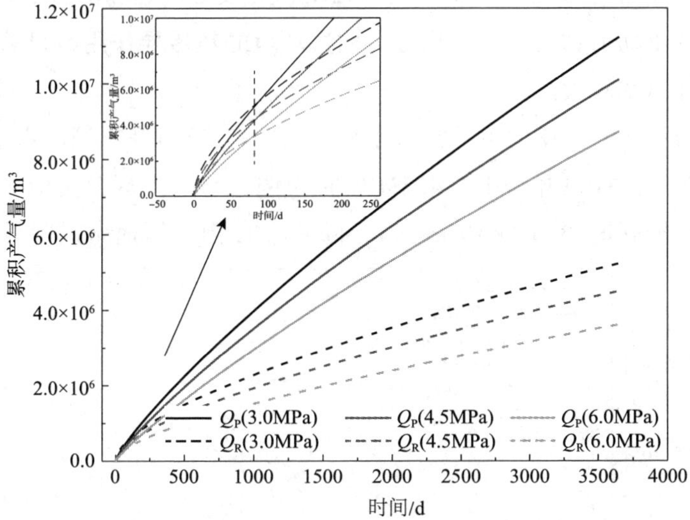

图 6.5　不同开采压力下，水合物累积分解气量及井口累积产气量随时间的变化曲线

随后水合物分解速率随着开采时间的进行不断下降，V_P迅速超过 V_R，但两者总体仍然持续下降，同时两者之间的差值也在逐渐扩大。从图 6.4 可看出，开采至第 10 年时水合物分解速率降低至 792Nm³/d，仅为初始的 1.45%，井口产气速率也降至 1412Nm³/d，远远低于商业开采速率。另外，从图 6.5 的放大图中可以明显看出，Q_P与 Q_R的差值也随着开采时间的增加不断增大，即水合物分解气

在井口产出气中所占的比例不断下降，开采10年水合物藏累积分解气量约为4.50×10^6Nm^3，而井口累积产气量约为1.01×10^7Nm^3，前者约占后者的44.5%，说明大部分产出气来自海水中的溶解CH_4及沉积层本身的游离气。因为随着开采时间的增加，水合物层Ⅰ的上端分解区域与上盖层、水合物层Ⅱ的下端分解区域与下伏游离水/气层相容贯通，沉积层中的孔隙水在井筒与沉积层之间压力差的驱动下大量涌向开采井(具体可见随后产水部分中的外部水供给量分析，井口产水量与外来补给水量相近)，阻碍气体流向开采井，同时水合物分解吸热引起分解区域温度降低，导致水合物分解速率低，从而井口产出气体速率下降，同时二次水合物的生成也可能导致水合物分解产气速率降低至井口产气速率之下。

从图6.4还可以看出，随着开采压力从3.0MPa增至6.0MPa，V_R及V_P依次降低，对应于图6.5Q_R及Q_P也随之降低。开采至第10年时，3.0MPa、4.5MPa、6.0MPa下井口产气速率分别为1714Nm^3/d、1412Nm^3/d及1114Nm^3/d，同时水合物分解产气速率分别为905Nm^3/d、792Nm^3/d及653Nm^3/d。因为驱动压差越大，流体流动驱动力越大，水合物藏与周边环境的热传导作用越显著，水合物分解速率及产气速率越大。

图6.6为不同开采压力下，井口累积产水速率(Q_W)及累积产水量(M_W)随时间的变化曲线。同样以开采压力4.5MPa时为例，与产气规律类似，初始时井筒产水速率达到较高值(3.53×10^6kg/d)，随着水合物分解速率的降低，井口产水

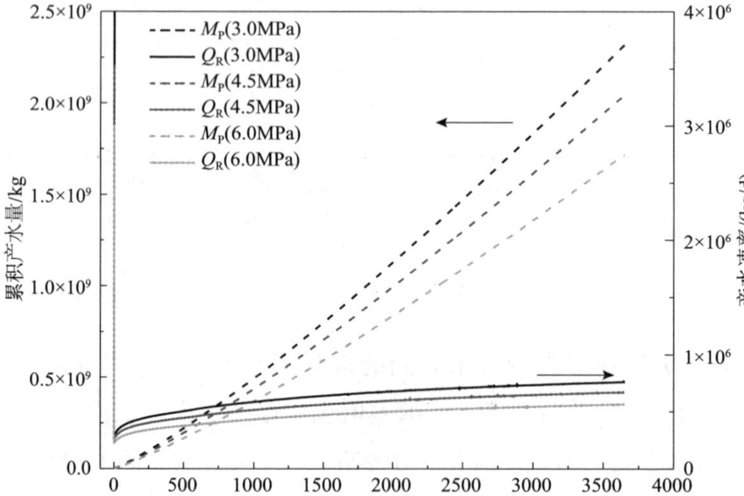

图6.6　不同开采压力下，井口累积产水速率及累积产水量随时间的变化曲线

速率在初期短时间内(2～3 天)便迅速降至 2.63×10^5kg/d。产水速率缓慢增加，可能是由于沉积层有效渗透率提高导致。开采 10 年时井口累积产水总量可达 2.04×10^9kg，平均产水速率为 5.60×10^5kg/d。

在实际开采中，井口产气产水之比，简称气液比(R_{GW})，往往作为衡量水合物开采效率的相对标准，其随时间的变化如图 6.7 所示。在不同开采压力下，R_{GW}均为先迅速增加后逐渐减小的变化规律。开采压力为 4.5MPa 时，R_{GW}迅速增至最大值(57.3 ST m^3 CH_4/m^3 H_2O)后不断下降，开采至第 10 年时已经降至 4.94 ST m^3 CH_4/m^3 H_2O，表明此时水合物藏开采的经济性极差。

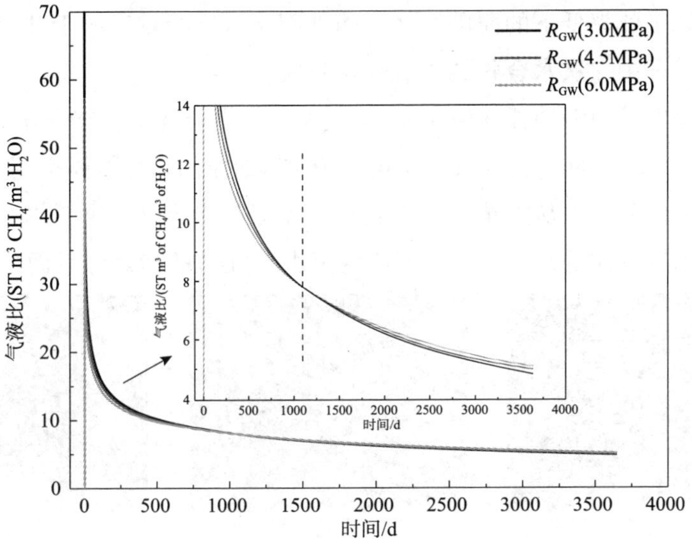

图 6.7　不同开采压力下，气液比随时间的变化曲线

随着开采压力的增加，Q_W及M_W均相应减小，R_{GW}则呈现先升至最大值再逐渐减小的变化趋势。初始时刻随着开采压力的降低，R_{GW}增大，这主要是由于较大的驱动压差促进水合物分解的缘故，与上述分解产气速率相对应。随后R_{GW}迅速降低，但在 1095 天之前较低的开采压力却对应较大的R_{GW}，这主要与水合物藏本身赋含少许游离气有关。随着开采时间的进行，由于井筒附近气体饱和度不断减小及下伏游离水的入侵，导致井口产出流体中气体占比不断减小，尤其当生产压力较低时。这也就是说开采前期生产压力越低，井口产出R_{GW}会略微提升，而中后期则相反。在实际开采过程中，降低开采压力尽管可以增大驱动压差，适当增加产气量，但同时也会导致绝对产水量大幅增加，因此降压不宜过低。

所建立的水合物藏模型中初始水合物含量(H_0)约为 3.83×10^8kg，初始水总量(M_0)为 2.37×10^9kg，在 4.5MPa 压力下累计开采 60 天时，累积分解了水合物量为 1.89×10^6kg，共可产生分解水(M_D)约为 1.71×10^6kg，井口累积产水量(M_W)为 1.82×10^7kg，此时水合物藏内共剩余水量(M_R)约为 2.36×10^9kg，可以大致估算出在生产过程中外部来水的补给量($M_S=M_R+M_W-M_0-M_D=1.45\times10^7$kg)，依次类推，可以得出不同生产时刻的外部来水供给量，开采至 10 年时累积井口产水量为 2.04×10^9kg，此时与外部来水补给量(约为 2.06×10^9kg)基本一致，表明水合物藏开采过程中井口产水总量与外部来水的供给量相当，这也是导致水合物开采效率低下的原因之一，而外部来水补给量略大于井口产水量，这可能与生产过程中二次水合物的生成耗水有关。

图 6.8 绘出了南海神狐海域 W17 站位天然气水合物藏在定压 4.5MPa 开采过程中(0 天、60 天、180 天、1 年、5 年、10 年)的压力(P)整体空间分布示意图。压力分布图中白色线条从上至下分别表示上盖层与水合物层Ⅰ，水合物层Ⅰ与水合物层Ⅱ，水合物层Ⅱ与 Mud 层(下伏游离水/气层)的初始分界面位置。

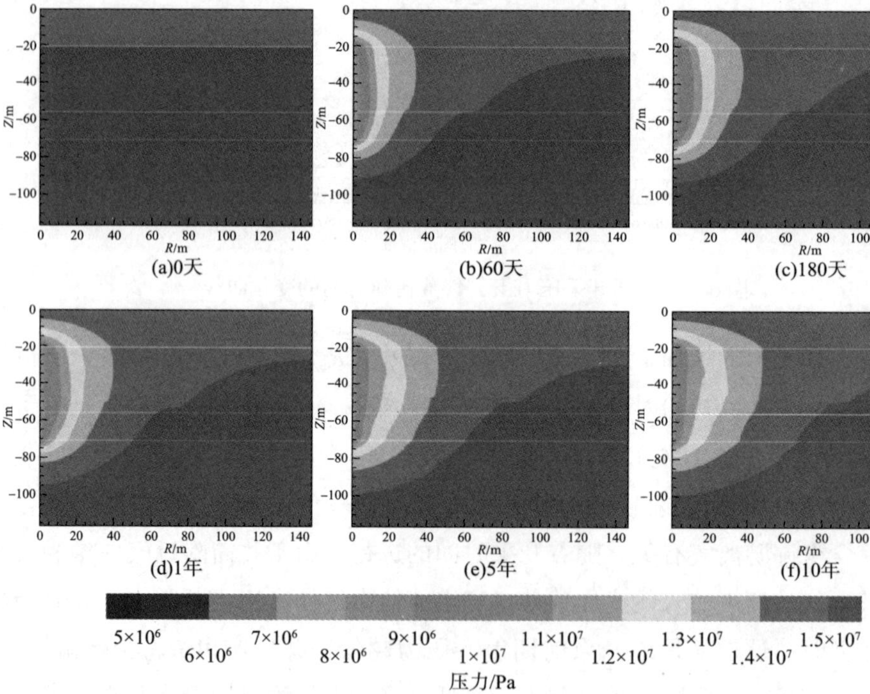

图 6.8　在有游离气水合物藏开采过程中压力空间分布示意图

从图6.8可以看出，由于开采周期内开采井内压力恒定在4.5MPa，导致开采井周边的区域产生明显的压力梯度，尤其在井附近约2.25m内形成了一个显著的低压区域(压力小于8.0MPa，明显低于水合物层原始压力15MPa)。这可能是由于井口附近水合物迅速分解，导致该区域的沉积层有效渗透率增大，同时右侧未分解的低渗透区域为压力传播提供了屏障，使该区域压力得以有效地降低。随着开采时间的推移，压力沿着径向不断向外传播，同时上层的压力径向传播距离始终大于下层的，主要是由于开采过程中水合物分解水会在重力作用下发生下渗而向下部堆积，这与距开采井的距离有关。压力传播在上盖层与水合物层Ⅰ，水合物层Ⅰ与水合物层Ⅱ，水合物层Ⅱ与Mud层的界面处出现拐点，这是因为水合物分解界面附近相变及流体流动较剧烈的缘故。水合物层Ⅰ与水合物层Ⅱ压力传播的显著差异则可能是因为与边界的距离不一致引起的，同时也与两个水合物层本身孔隙度及各相饱和度等参数的差异有关。

从图6.9可以看出，开采过程中开采井附近出现了明显的低温区域[图6.9(b)]，在开采井下部水合物Ⅰ与水合物Ⅱ界面处，温度降低尤其严重(低至9.8℃，初始温度为14.90℃)，这主要是由于初始阶段井筒附近水合物迅速分解吸热及井

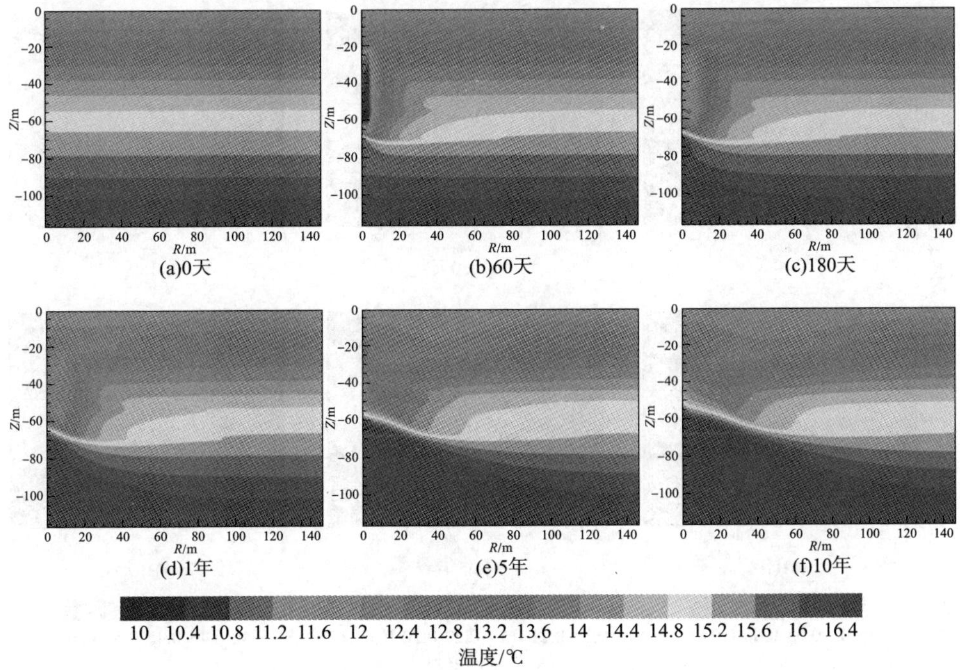

图6.9　在有游离气水合物藏开采过程中温度空间分布示意图

筒附近游离气涌入井筒引起的“焦汤效应”所致，由于水合物层Ⅱ初始游离气的存在使此处流体流动更加剧烈。随着井筒附近水合物的不断分解，开采至180天时上下盖层的较高温度流体入侵至水合物已分解区域，在热传导的作用下使井筒附近的低温区域逐渐消失并开始回温，如图6.9(c)～(f)中，具有较高值的等温线已汇聚于井筒附近。与压力空间分布一样，温度传播在水合物层Ⅰ与水合物层Ⅱ、水合物层Ⅱ与Mud层的界面处也出现了拐点。

图6.10及图6.11可以看出，开采初期60天内，水合物分解主要集中在井筒附近，沿着水合物层Ⅰ径向匀速推进，水合物层Ⅱ则略滞后于Ⅰ。由于水合物层Ⅱ中本身存在的游离气向井筒聚集引发“焦汤效应”，与气饱和度空间分布图6.11(b)相对应，从而井筒附近水合物层Ⅱ的温度低于水合物层Ⅰ的[图6.9(b)]。水合物层Ⅱ下部分解速度明显快于上部的，这主要是由于下部地层相对较高温热水流向井筒的缘故。随后水合物分解前沿不断向右侧扩张，开采至1年时水合物Ⅰ层最上端界面开始变得尖锐，这是由于上部相对水合物层Ⅰ较低温度的流体流向未分解水合物区域，从而阻碍水合物分解。随着水合物的不断分解，水合物层Ⅰ的分解前沿形状逐渐相近于水合物层Ⅱ的，同时由于水合物层Ⅱ本身游离气的存在

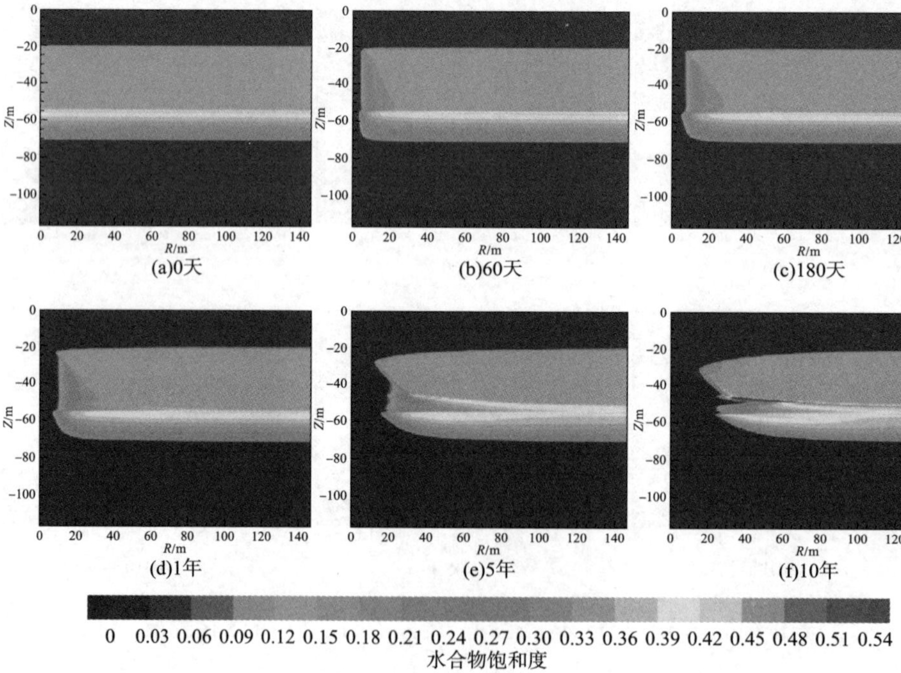

图6.10　在有游离气水合物藏开采过程中水合物饱和度空间分布示意图

及两个沉积层中各相饱和度、孔隙度等地层参数的差异使分解前沿在两者界面附近呈现不规则形状。由于 Mud 层及水合物Ⅱ层初始游离气体的存在，加之气体本身上浮效应使得初始水合物层Ⅱ从下至上水合物饱和度逐渐增加，尤其最上端与水合物层Ⅰ界面附近会有较高饱和度的水合物存在，其饱和度明显高于该层的平均值(0.31)，如图 6.10(a)所示。相应地，气体的上浮效应及气体的流动扰动也导致了水合物层Ⅱ与 Mud 层界面聚集了较高饱和度的游离气层。

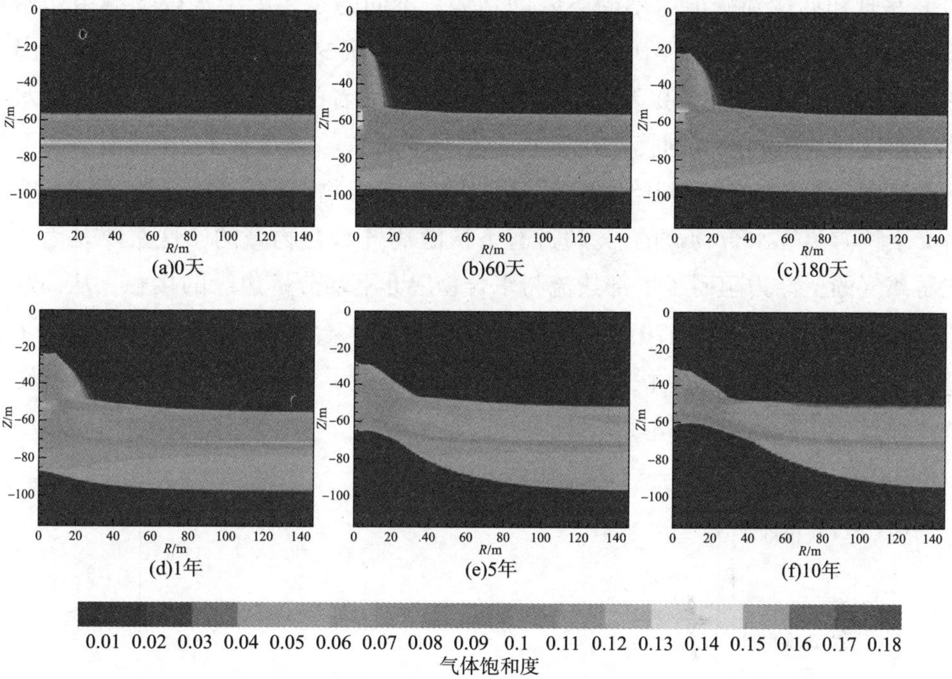

图 6.11　有游离气水合物藏开采过程中气体饱和度空间分布示意图

另外，从图 6.11 可以看出，开采过程中水合物分解气及水合物藏的本身游离气基本流向井筒，并未发现气体逃逸而越过上盖层，表明未产出的分解气可能滞留在沉积层，或与游离水结合生成二次水合物赋存于沉积层。相应地，两个水合物层界面附近 S_H 随着开采时间的推移也有明显增加的现象，尤其是开采至第 10 年，已经有大量二次水合物生成并聚集在水合物层Ⅰ分解前沿底端及两个水合物层界面附近。

6.4.4　下伏游离气存在与否的影响

2007 年原国土资源部广州地质调查局在南海神狐海域的钻探结果表示该区

域有多个站位可能为 Class 3 型水合物藏，即仅包含单一的水合物层，并没有下伏游离气存在。因此，本文去除了 W17 站位水合物藏模型中水合物层Ⅱ及 Mud 层中游离气的存在，模拟了无下伏游离气时天然气水合物藏的降压生产情况。具体修改参数为：水合物Ⅱ层的平均 S_H为 0.31，S_A为 0.69，Mud 层初始 S_A为 1.0，其他模型参数及地层条件均与上述模型一致。

由图 6.12 可以看出，无论有无下伏游离气存在，水合物藏开采过程中整体的 V_P呈现初期达到峰值后不断下降的趋势。不同的是，由于水合物藏中初始游离气的缺乏，使开采过程中无下伏游离气水合物藏的 V_P始终小于有下伏游离气的水合物藏的。开采前 50 天内，前者的 V_R小于后者的，这可能是由于两个水合物层界面处初始游离气的扰动促进水合物分解所致。但在开采 50 天后，无下伏游离气水合物藏的 V_R则开始大于有下伏游离气水合物藏的。相应地，开采 220 天时无下伏游离气水合物藏的 Q_R超过有下伏游离气水合物藏的，这主要是因为下伏游离气的上浮力阻碍了下部热流与水合物层Ⅱ下端分解边缘的接触，从而减弱了热传导作用。开采约 970 天时，无下伏游离气水合物藏的 Q_P才开始大于 Q_R，随后产气规律类似于有下伏游离气水合物藏的。由于水合物藏初始游离气的存在使生产过程中后者的 Q_P始终大于前者的。

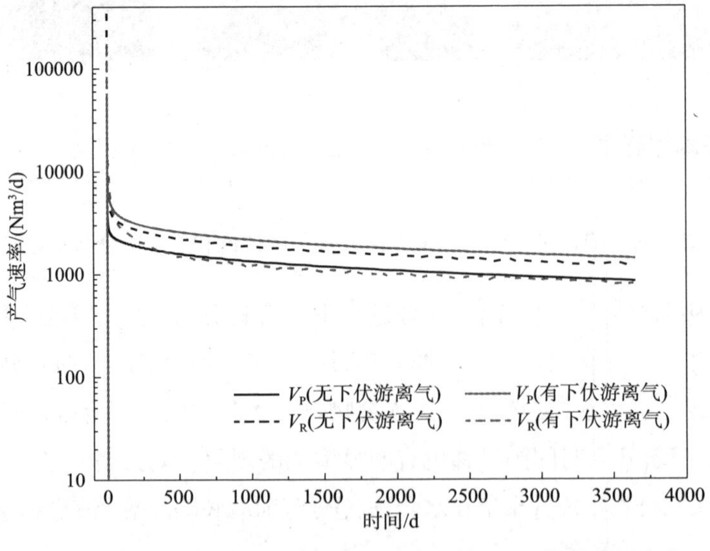

图 6.12　不同类型水合物藏的水合物分解产气速率 V_R及井口产气速率 V_P比较

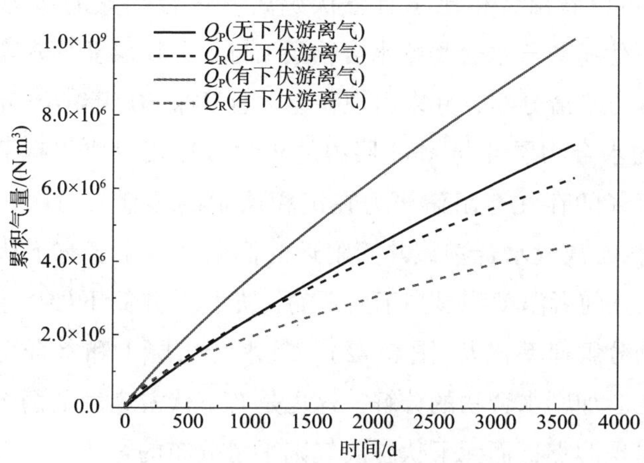

图 6.13　不同类型水合物藏的累积分解气量及井口累积产气量比较

由图 6.14 可以看出，开采 10 年时无下伏游离气水合物藏井口累积产水量为 2.29×10^9kg，有下伏游离气水合物藏的井口累积产水量为 2.04×10^9kg，相比于前者，后者的井口产水降低了约 11%，表明下伏游离气的存在可以显著降低井口产水量。同时有下伏游离气存在水合物藏的 R_{GW} 始终大于无下伏游离气水合物藏的，开采至 10 年时两者的 R_{GW} 降为最低，前者为 4.94，而后者仅为 3.15。从绝对产水量及产出气液比的角度来看，下伏游离气的存在有利于水合物藏降压生产。

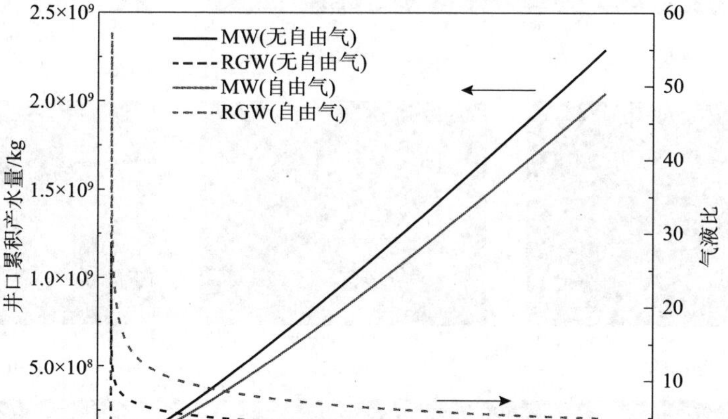

图 6.14　不同类型水合物藏的井口累积产水量及气液比比较

由图6.15可以看出，相比于有下伏游离气水合物藏的压力空间分布特征(图6.8)，无下伏游离气水合物藏水合物层Ⅰ与水合物层Ⅱ、水合物层Ⅱ与Mud层的界面处的压力平滑分布，并未出现拐点，且开采60天至10年内，无下伏游离气水合物藏的水合物层Ⅱ与Mud层内的压力传播相对快于有下伏游离水合物藏的，说明游离气的存在会阻碍压力在沉积层中的传播。由图6.16可以看出，前60天内无下伏游离气水合物藏井筒附近的低温区域小于有下伏游离气水合物藏的(图6.9)，且前者温度明显高于后者的，尤其是井筒下端，主要是因为后者开采初期水合物分解速率较大(图6.12)，且水合物层Ⅰ和水合物层Ⅱ界面附近游离气的流动也会加剧水合物的分解，这也是有下伏游离气的两个水合物层界面温度空间分布出现凹点，而无下伏游离气则平滑分布的缘故。

由图6.17和图6.18可以看出，不同于有下伏游离气水合物藏的是，无下伏游离气水合物藏在开采1年内其水合物层Ⅱ的分解前沿的径向扩张速度始终快于水合物层Ⅰ的。水合物随着开采时间的推移不断分解，开采至10年时，水合物层Ⅰ与水合物层Ⅱ分解前沿基本融合为平滑界面。

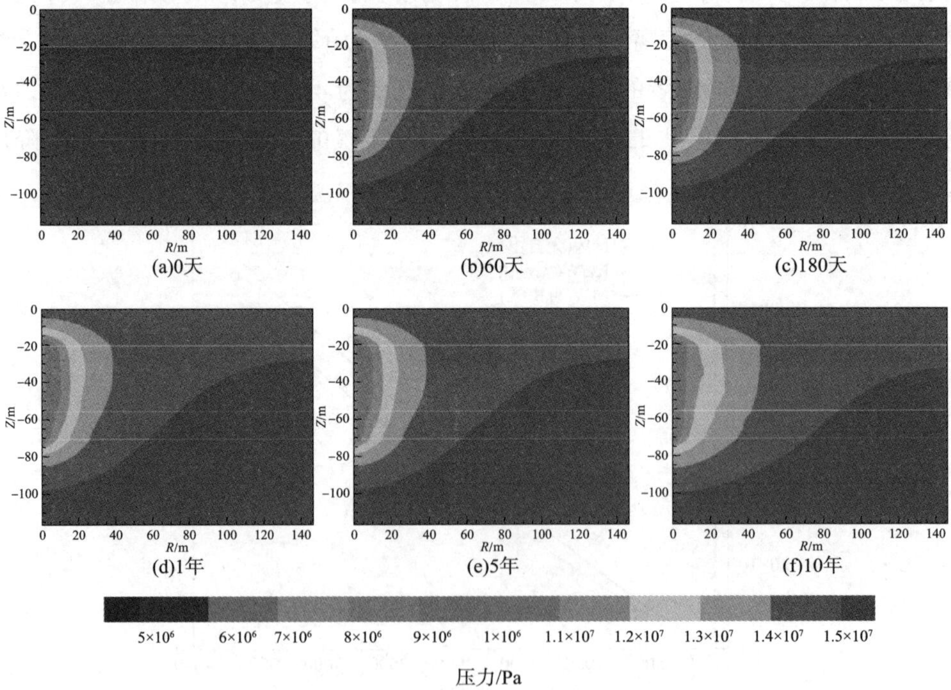

图6.15 无游离气水合物藏开采过程中压力空间分布示意图

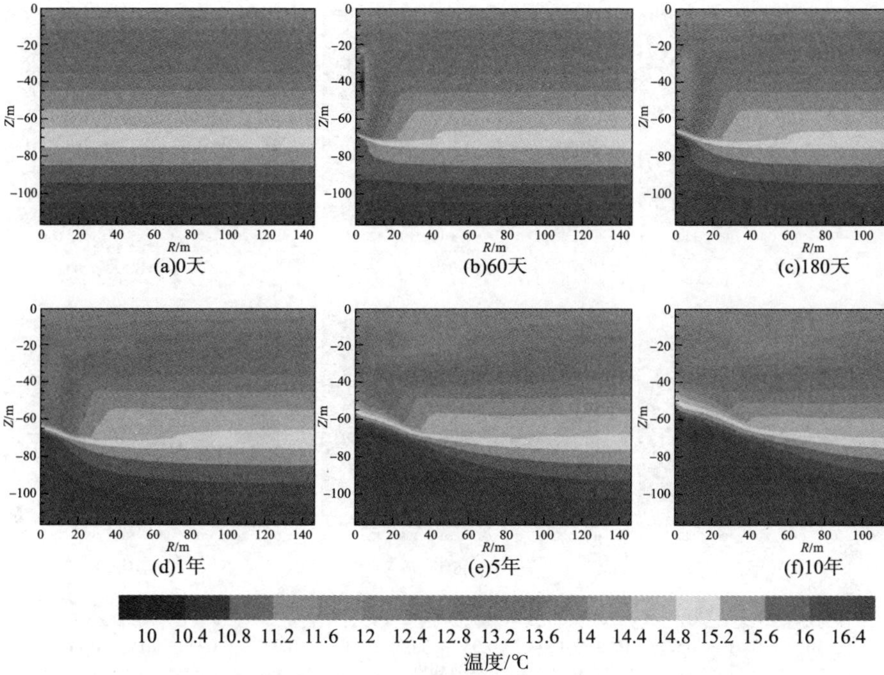

图 6.16 无游离气水合物藏开采过程中温度空间分布示意图

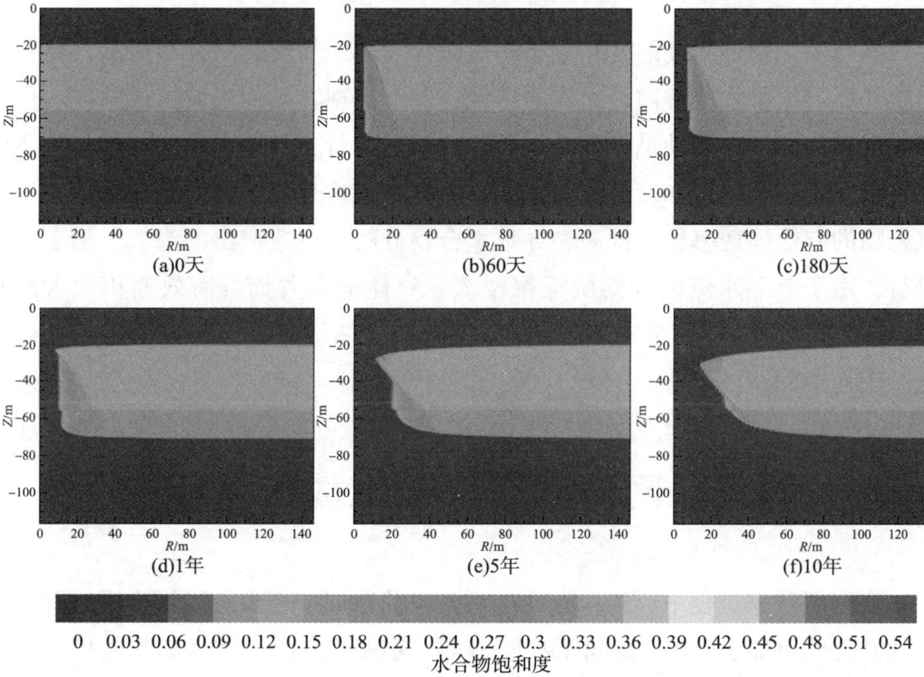

图 6.17 在无游离气水合物藏开采过程中水合物饱和度空间分布示意图

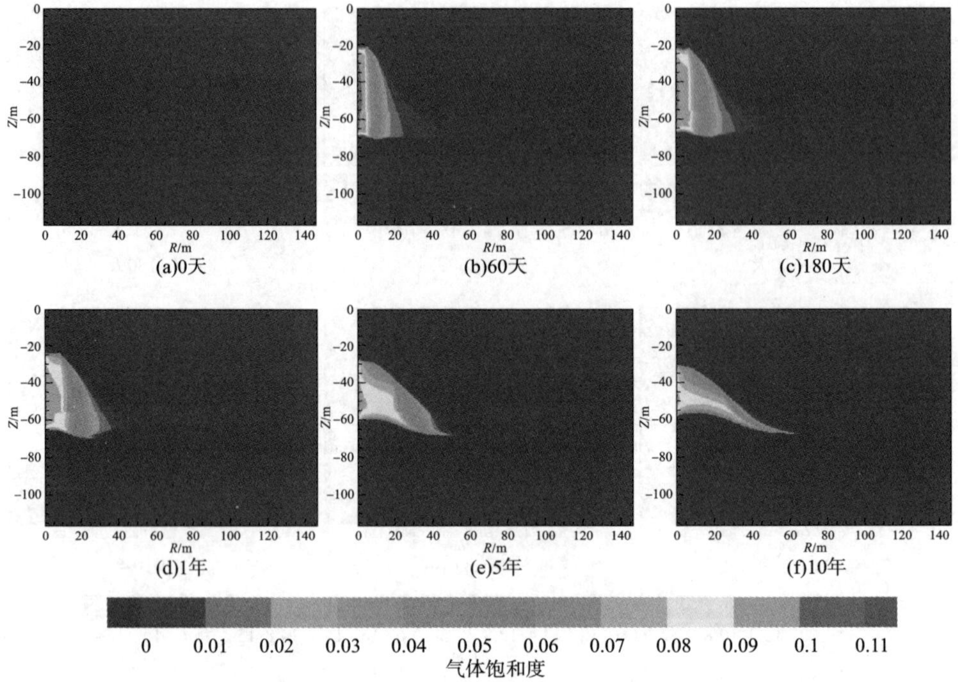

图 6.18　在无游离气水合物藏开采过程中气体饱和度空间分布示意图

气体与水合物饱和度的空间分布相对应，气体饱和度空间分布显示气体主要聚集在井筒与水合物分解前沿之间的区域，并未出现在其他区域，说明在较低渗透率的沉积物中气体流动是受限的。随着开采的进行，气体饱和度空间分布不断向外扩张，且高气体饱和度的分布区域不断减小，这是因为水合物分解后，区域内沉积物的有效渗透率得以提高，导致水合物分解气迅速产出的缘故。随着开采的进行，由于上下水流向井筒的汇聚浸入，气体流入井筒的有效面积大大减小(气体饱和度的垂向空间分布不断缩小)，阻碍气体的产出，这也是后期产气速率远小于初期的原因之一。

6.5　垂直井网降压开采三维数值模拟

水合物藏开采过程中，如果有两口或多口井在同一个水合物层内同时降压开采，两井之间可能会存在“井间干扰”，两井间的压力场、温度场及流场分布可能会互相影响而重新分布，从而影响水合物分解变化规律，进一步影响到水合物藏的生产。冯景春进行了珠江口盆地东沙区 GMGS2 – 16 站位天然水合物藏的单水平井及双水平井降压开采模拟，发现双水平井可以显著促进水合物分解，缩短水合物分解所需时间。

图 6. 19 简要绘制出了油气藏多直井联合生产时两口等产量直井同时降压开采时可能产生的等压线、流场流线分布及井间压力分布干扰的示意图。直井 Well *A* 或 Well *B* 单独降压开采储层时，沉积层中的压降分布如图 6. 19(b)中实线Ⅰ或者Ⅱ所示，此时 *M* 点处的压降 ΔP 为 M_1M_3 或 M_1M_2，当 Well A 和 Well B 联合降压开采时，*M* 点处的压降 ΔP 则为 M_1M_4，即为两井单独开采时压降的迭加。同时，生产过程中两口井之间的中轴线会将流体左右分开，流体不会越过中轴线，且在此处会形成“死液区”，从而在两口井的互相干扰下，两井同时生产时的单井产量会较单井生产时的低。因此，为了确定开采过程中较合适的井间距离，进而提高开采水合物藏的多井开采效率，模拟了我国南海神狐海域 W17 站位水合物藏垂直井网降压开采的生产情况。

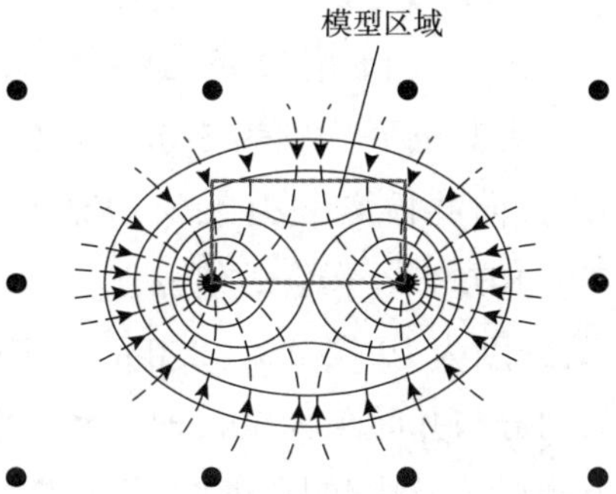

(a)双直井附近等压线和流线分布

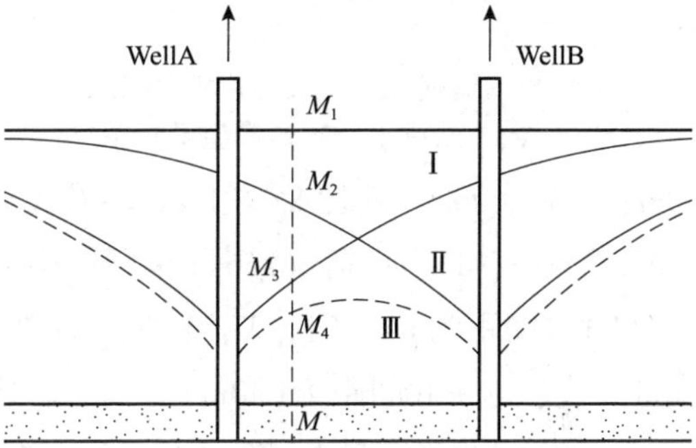

(b)双直井间压力分布示意图

图 6. 19　垂直井网中

建立三维水合物藏模型过程中主要做了以下假设。

(1)垂直井网中所有井对称均匀分布。

(2)每口直井同时等产量生产。

(3)圆柱生产井可近似用等边立方体代替。

其他条件假设与上述 6. 4 部分描述一致，不再重复叙述。

6. 5. 1　三维水合物藏模型参数及网格划分

基于我国南海神狐海域水合物藏特征，建立了垂直井网中双直井联合降压开采水合物藏数值模型，由于双直井模型的几何性质，本书所建模型为三维立方体模型，模拟区域对应于图 6.19(a) 中的灰色方框。水合物藏模型地层参数与 6.4.1 中描述一致，图 6.20 为建立的南海神狐海域 W17 站位水合物藏垂直井网中双直井联合降压开采模型示意图。

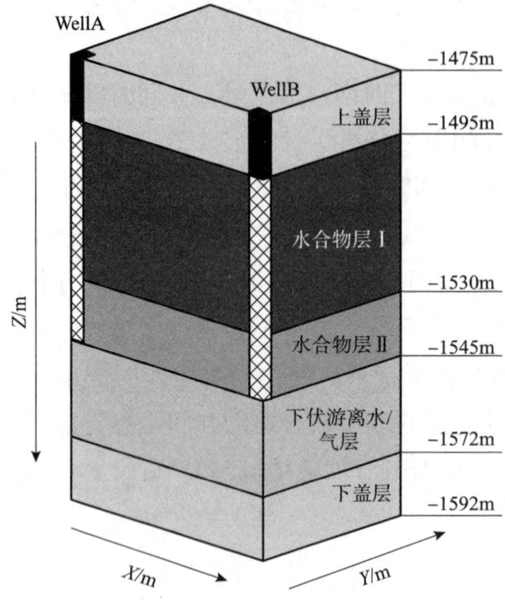

图 6.20 垂直井网中双直井联合降压开采 W17 站位水合物藏模型示意图

针对模拟的水合物藏立方体模型网格大小划分如下。

(1) 井间距为 30m 时，X 方向从井筒中心处向外依次为 0.1m、0.2m、0.4m、0.8m，14 层等距($\Delta X = 2.0$m)，随后为 0.8m、0.4m、0.2m、0.1m；Y 方向依次为 0.1m、0.2m、0.3m、0.4m、0.5m，14 层等距 $\Delta Y = 1.0$m；Z 方向从上至下分别为 5.0m、4.0m、3.0m、2.0m，79 层等距 $\Delta Z = 1.0$m。沿 X、Y、Z 方向共被离散为 $22 \times 19 \times 89 = 37202$ 个网格，其中包括 36266 个活跃网格，共产生 107539 个耦合数值方程。

(2) 井间距为 40m 时，X、Y 方向的中间等距分别为 19 层 $\Delta X = 2.0$m、$\Delta Y = 1.0$m，其余与在井间距为(30m)一致；Z 方向的划分与井间距为 30m 时一致。沿 X、Y、Z 方向共被离散为 $27 \times 24 \times 89 = 57672$ 个网格，其中包括 56276 个活跃网格，共产生 167829 个耦合数值方程。

(3) 井间距为 50m 时，X 方向中间等距为 24 层 $\Delta X = 2.0$m，Y 方向从井筒中心处向外依次为 0.1m、0.2m、0.3m、0.4m、0.5m、1.0m；15 层等距 $\Delta Y = 1.5$m，其余与井间距为 30m 时一致；Z 方向从上至下分别为 8.0m、6.0m、4.0m、2.0m，50 层等距 $\Delta Z = 1.0$m，13 层等距 $\Delta Z = 2.0$m，随后 4.0m、6.0m、8.0m。沿 X、Y、Z 方向总共被离散 $32 \times 21 \times 70 = 47040$ 个网格，其中包括 45596 个活跃网格，共产生 136738 个耦合数值方程。

(4) 井间距为 60m 时，X、Y 方向中间等距分别为 29 层 $\Delta X = 2.0$m 及 14 层 $\Delta Y = 2.0$m，其余及 Z 方向的划分与井间距为 50m 时一致。沿 X、Y、Z 方向共被离散为 $37 \times 20 \times 70 = 51800$ 个网格，其中包括 50220 个活跃网格，共产生 150670 个耦

合数值方程。模拟区域的最上层及最下层边界及开采井筒均被定义为非活跃网格。

6.5.2 开采双直井设计及开采方法

如图6.20所示，开采直井Well A、Well B中心对称分布于立方体模型边缘（X_{min}，$Y_{min}=0$）和（X_{max}，$Y_{min}=0$）处，以边长为0.2m的正方形近似代替半径为0.1m的圆柱井筒，分别模拟了不同井间距(30m、40m、50m及60m)的双直井Well A、Well B联合降压开采南海神狐海域W17站位水合物藏。与上述二维模型中一致，生产井贯穿于水合物层Ⅰ及水合物层Ⅱ，采取降压开采的方式且开采压力设为4.5MPa。

6.5.3 结果与讨论

为了分析垂直井网降压开采水合物藏时井间干扰作用对生产特征的影响，结合本章6.4节中单直井降压水合物藏模拟结果，与双直井Well A、Well B联合降压开采时(井间距为40m)平均单井产气、产水情况进行了对比分析。

由图6.21可以看出，双井联合生产时的V_R及V_P与单井独自生产时类似，即生产前20天内V_R始终大于V_P，随后前者便降至后者之下。不同的是，两者的V_R在生产前12天基本一致，随后前者便降至后者之下，同样地，双井联合生产时平均每口井的V_P也在约36天后低于单井生产。这种现象表明双井联合生产12天时井间压力可能已经出现了交汇，一方面是因为交汇后双井之间区域的流体流动

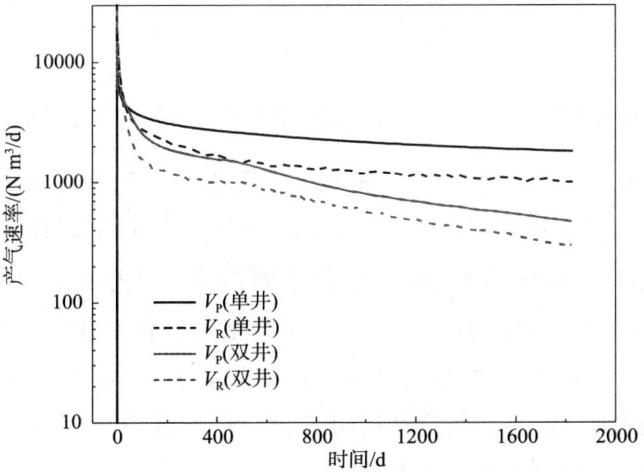

图6.21 单井及双井联合5年时，平均每口井水合物分解产气速率与井口产气速率比较

相对于单井开采时减弱，尤其是双井之间中轴线附近的流体甚至会滞留在原地形成“死液区”，与相邻区域水合物层的换热作用减弱，同时也会阻碍分解气的逸出，另外，流体流动减弱会导致双井联合开采的平均每口井产水速率降低，而井口产出气体大部分来自孔隙水中的溶解 CH_4，详见 6.4.3，所以 V_P也会随之降低。

由图 6.22 可以看出，双井联合开采时井口累积产气量与单井开采时具有相似的规律，即生产 100 天前 Q_R略高于 Q_P，随后便降至后者之下。同样随着开采时间的推移，两者之间的差值越来越大，不同的是，双井联合开采时两者之间的差值远小于单井开采时的差值，开采至 5 年时，前者的差值仅为 5.75×10^5Nm³，而后者则为 2.94×10^6Nm³，几乎为前者的 5 倍，表明单井生产时会有相对较多的溶解气或游离气产出，这主要是由于双井联合开采时井间流场受到影响，阻碍中间区域流体流动的缘故。

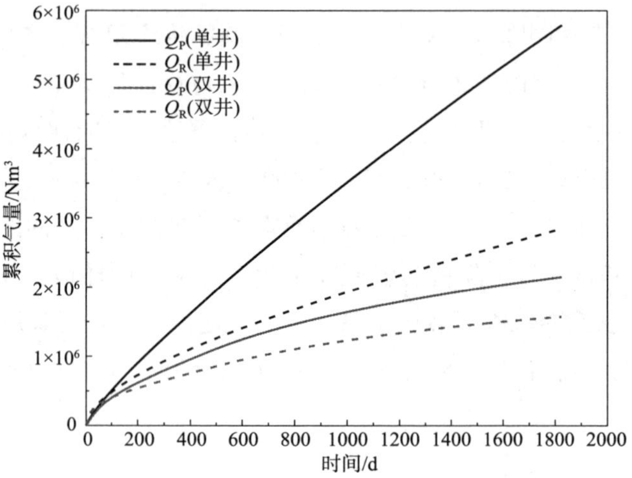

图 6.22　单井及双井联合 5 年时，平均每口井累积分解气量及井口累积产气量比较

图 6.23 比较了单井及双井联合开采 5 年时平均每口井的井口瞬时产水速率 Q_W及 M_P随时间的变化曲线。由图 6.23 可以看出，随着开采时间的推移，两者井口的 M_P不断增加，与 Q_W的规律相似。但不同的是，单井开采时的 Q_W及 M_P始终大于双井联合开采的，且两者之间的差值不断增大，直至开采 5 年时，双井联合开采时平均每口井累积产水量为 4.96×10^8kg，此时单井开采时产水总量为 8.92×10^8kg，相比于后者，前者平均每口井产水可减少 3.96×10^8kg，这主要是由于双井联合开采时井间干扰的缘故。

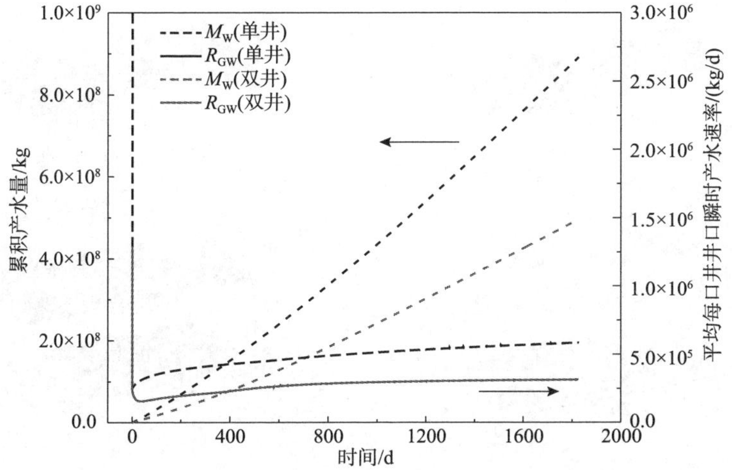

图 6.23 单井及双井联合时平均每口井井口瞬时产水速率及累积产水量比较

图6.24绘出了双直井联合4.5MPa下开采天然气水合物藏60天时不同*XY*二维截面(上盖层与水合物层Ⅰ界面A、水合物层Ⅰ与水合物层Ⅱ界面B、水合物层Ⅱ与Mud层界面C)压力及温度的整体空间分布示意图。由图6.24可以看出，开采至60天时双井联合开采时两井中间区域的压力、温度在不同界面两井中间均已出现交汇区域，交汇区域的压力及温度均呈现较低值，表明双井联合降压开采时会在井间干扰作用下影响压力场、温度场的分布，从而可能会影响后续的水合物藏开采。

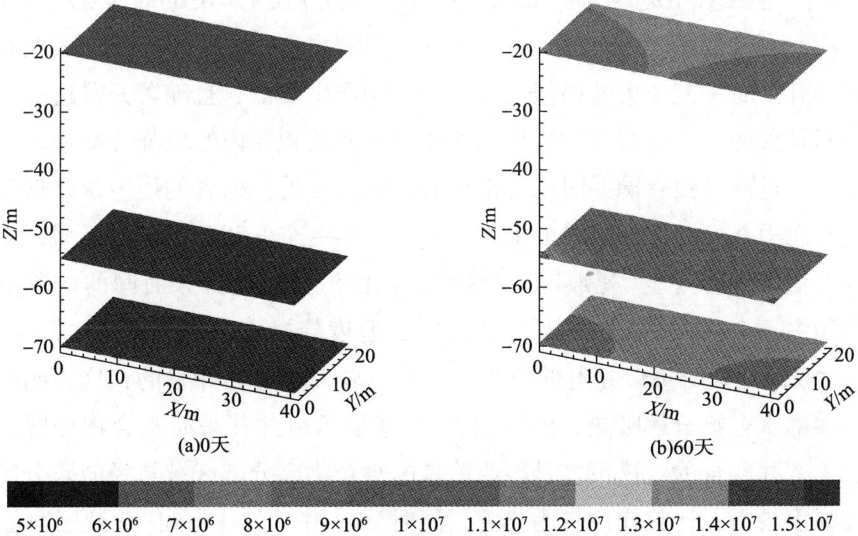

(a)压力

图 6.24 在不同二维截面的压力、温度空间分布示意图

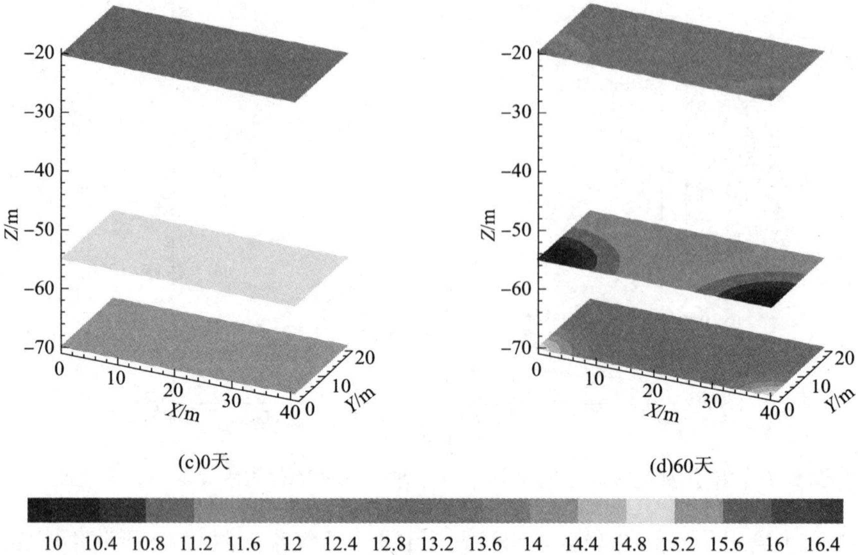

(b)温度

图 6.24　在不同二维截面的压力、温度空间分布示意图(续)

为了分析双直井联合降压开采时井间干扰作用对压力场、温度场分布的影响，图 6.25 和图 6.26 分别给出了不同开采时间(60 天、180 天、1 年、2 年、5 年)压力、温度在 *RZ*(与本章 6.4.3 节部分对应)及 $Y=0.05$m 时 *XZ* 二维截面(双井联合)的空间分布示意图。由图 6.25 和图 6.26 可以看出，开采至 60 天，双井联合开采时径向压力传播便已在双井之间产生交汇，且随着开采进行，交汇区域不断扩大融合，在双井的降压迭加作用下使沉积层内的压降传播速度明显快于单井的，进而导致在同一时刻交汇区域相同位置处，前者的压力始终低于后者的。同时压力在双井之间区域的上下交汇会产生一个低凹和凸起的区域，主要是因为双井流场干扰产生“死液区”的缘故，该区域会随着开采时间的推移不断缩小，但始终不会消失。类似地，双井之间的温度传播也出现了交汇，开采 60 天至1 年时双井开采时每口井附近的低温区域明显大于单井开采的，这表明前者可能有更多的水合物分解吸热，但图 6.21 中却显示单井开采时水合物分解产气速率略大于双井联合的，这可能是因为前者的水合物已分解区域与径向未分解区域的温度梯度较大，传热作用较为显著，同时后者由于双井中间“死液区”的存在，该区域流体流动缓慢也会导致传热变得缓慢，所以双井中交汇区域的温度始终低于单井开采时相同位置处的。随后在双井压降的迭加作用下，上下部热流更

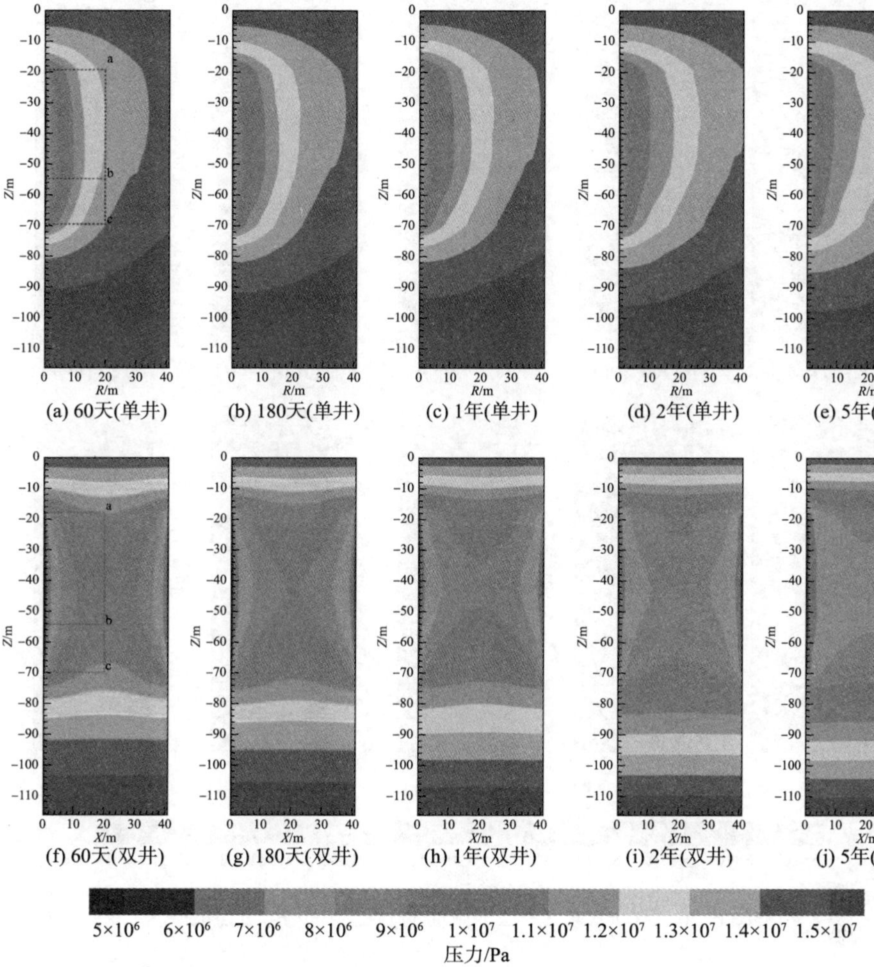

图 6.25 在 RZ 或 XZ 二维截面的压力空间分布示意图

快地侵入水合物层，导致中间区域上下部温度高于单井开采的，而开采至5年时双井中间区域较大面积的低温区域是由于水合物大量分解，尤其是双井的中轴线附近，说明死液区的存在减缓了流体的流动换热，导致该区域水合物分解最缓慢。

图6.27、图6.28分别给出了 RZ 及 $Y=0.05$m 时，XZ 二维截面中轴线上 a、b、c 三处(图6.25与图6.26)的压力、温度随时间(60天、180天、1年、2年、5年)的变化规律。开采前60天内，不同点处的压力迅速下降，这主要与沉积层内的有效渗透率有关，因为降压初期压降迅速在水合物藏内传播，引起水合物分

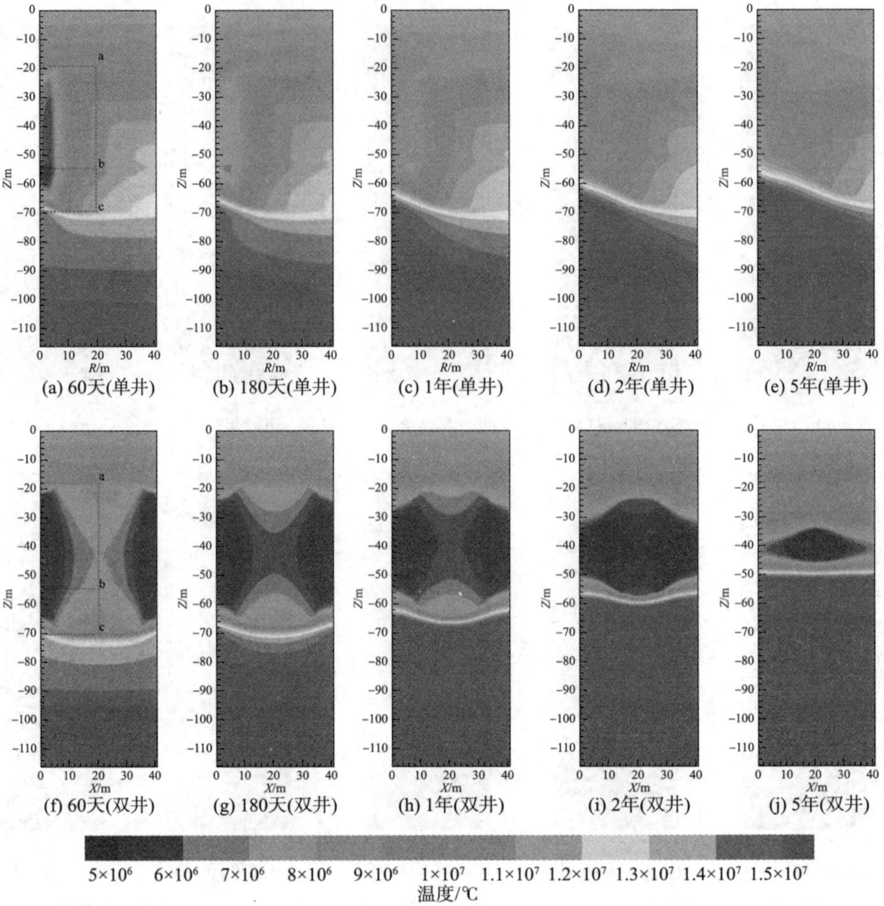

图 6.26　在 RZ 或 XZ 二维截面的温度空间分布示意图

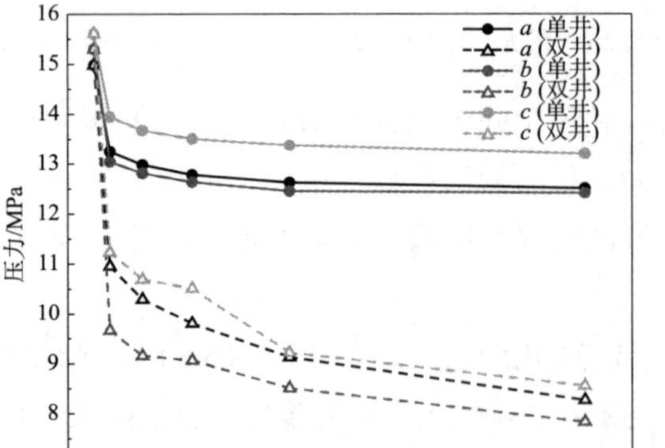

图 6.27　$Y=0.05$m 时，XZ 二维截面中轴线上 a、b、c 处压力的变化

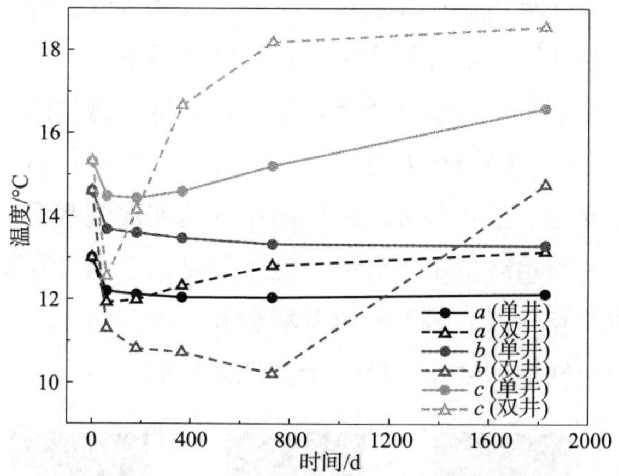

图 6.28 $Y=0.05$m 时，XZ 二维截面中轴线上 a、b、c 处温度的变化

解，而水合物分解后反过来会增大沉积层的有效渗透率，促进压力的传播。随后 60 天直至 5 年内压力下降速率明显减缓，尤其是单井开采时，这主要是由于水合物已分解区域与上下盖层贯通，额外流体的侵入减缓了压降的传播。通过对比单井开采与双井联合开采可发现，不同开采时刻双井联合开采时不同点处的压降均为单井开采时的 2 倍以上，如单井开采 1 年时，a、b、c 三点相比于初始压力分别下降 2.199MPa、2.664MPa、2.098MPa，而双井联合开采时其压降分别为 5.176MPa、6.233MPa、5.101MPa。该结果与本章 6.5 节部分描述的井间压力分布干扰作用一致，即井间距过近时，井间压降存在迭加效应，同时水合物开采时随着水合物分解区域的有效渗透率增大，压力传播会相对更易，这也是双井联合开采时相同位置处的压降明显大于单井开采时的原因。此外，a、c 处的温度呈现先降低后逐渐升高的趋势，尤其是 c 处，因为该处会伴随水合物分解吸热随后在下部热流的热传导作用下逐渐回温，此处双井的温度先低于单井的，之后又高于单井的。由于水合物分解前缘位置变化及与下部流体传热的综合作用，这也是开采 2 年内单井的 b 处温度一直高于双井的原因。

图 6.29 ~ 图 6.30 可以看出，开采过程中双井联合降压时中间截面的水合物区域消融始终快于单井的，尤其是开采 1 年之后差别愈加明显。直至开采 5 年，双井联合开采的水合物藏大部分已经分解，而单井开采的水合物藏仍有大量水合物未分解，此时双井联合开采的水合物Ⅱ层早已基本分解，但双井联合生产过程中，整体水合物藏的分解产气速率始终小于单井的，如图 6.21 所示。

相应地，气饱和分布图显示开采过程中游离气及水合物分解气不断向井筒聚集，随着开采时间的进行，水合物藏中气饱和度不断下降，气层连续分布且厚度不断变薄，直至开采至5年时水合物藏始终存在大量游离气体未产出。由图6.29和图6.30还可以看出，开采60天时，双井联合开采平均每口井区域气体分布多于单井开采的，主要是由于双井之间区域的压降迭加促进水合物分解的缘故。随后开采至5年时前者的始终少于后者的，这主要是由于水合物藏内剩余水合物及游离气量及分布的差异导致。另外，双井联合开采时，由于井间干扰作用导致中轴线附近的水合物及气饱和度始终略高于其他区域的。

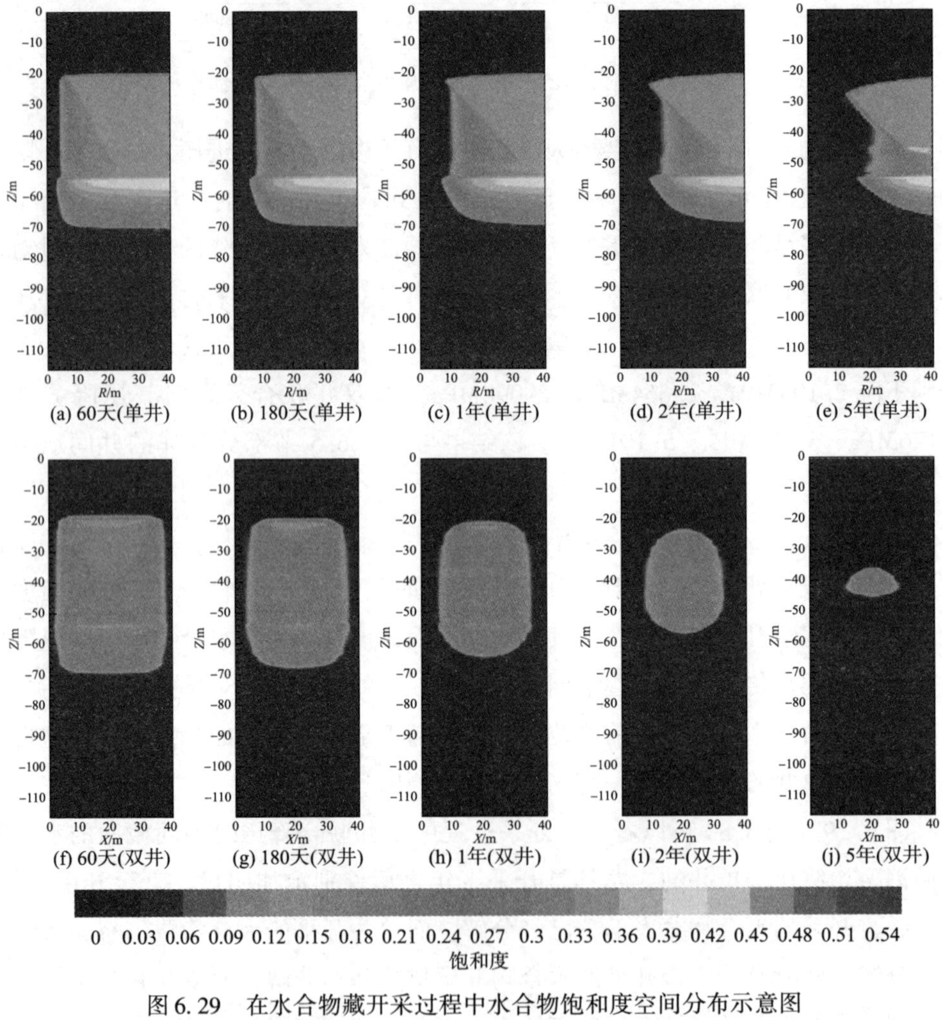

图6.29　在水合物藏开采过程中水合物饱和度空间分布示意图

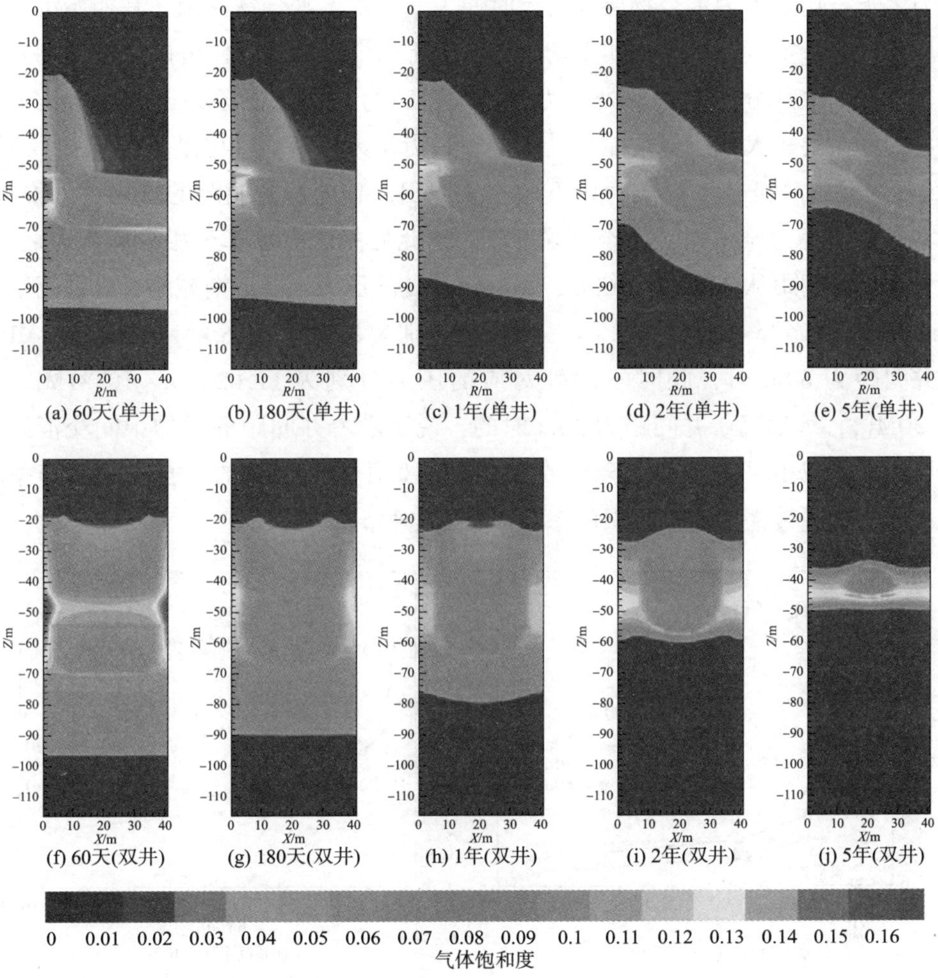

图 6.30 在水合物藏开采过程中气体饱和度空间分布示意图

6.5.4 不同井间距的影响分析

双直井开采水合物藏时压力场、温度场及流场分布均会受到井间干扰作用的影响，本章模拟了双直井联合降压开采不同井间距(30m、40m、50m 及 60m)时水合物藏的生产情况。由图 6.31 可以看出，当井间距从 30m 增至 60m 时，开采 60 天内沉积层的压力迅速传播至双井中轴线 a、b、c 三处产生交汇，随后直至开采 5 年，不同位置处压降速率明显降低，这主要是由于上下部流体的入侵导致的。在生产 60 天时，不同井间距中轴线上 b、c 三处的压力均已降至初始相平衡压力之下，这是因为水合物层Ⅱ初始时便为气、水、水合物三相，其初始沉积层温压条件非常接近于水合物相平衡条件的，所以少许的压降便可以打破其初始相平衡状态导致其分解。而 a 处压力则不同，因为其初始便远处于相平衡压力之上，因此需要较大的压降才能使其降至相平衡压力以下，这也是相比于 b、c 处，a 处压力延迟降至相平衡压力以下的主要原因，且随着井间距的增加愈加推迟，尤其是井间距为 60m 时，直至开采 5 年时，此处的压力才降至相平衡压力之下。另外，当井间距从 30m 增至 60m，不同位置处的压力下降逐渐减小，如井间距为 30m 时，开采至 5 年时，a、b、c 三处压力分别为 6.86MPa、6.41MPa 及 7.24MPa；而井间距为 60m 时，此时不同处对应的压力分别为 11.02MPa、10.81MPa 及 11.30MPa，远远高于井间距为 30m 时的，说明随着井间距的增加中间交汇区域的压力下降减小，进而可能会导致生产过程双井中间区域的水合物分解速率降低，同时压降传播又与沉积层的渗透率及水合物分解相关。

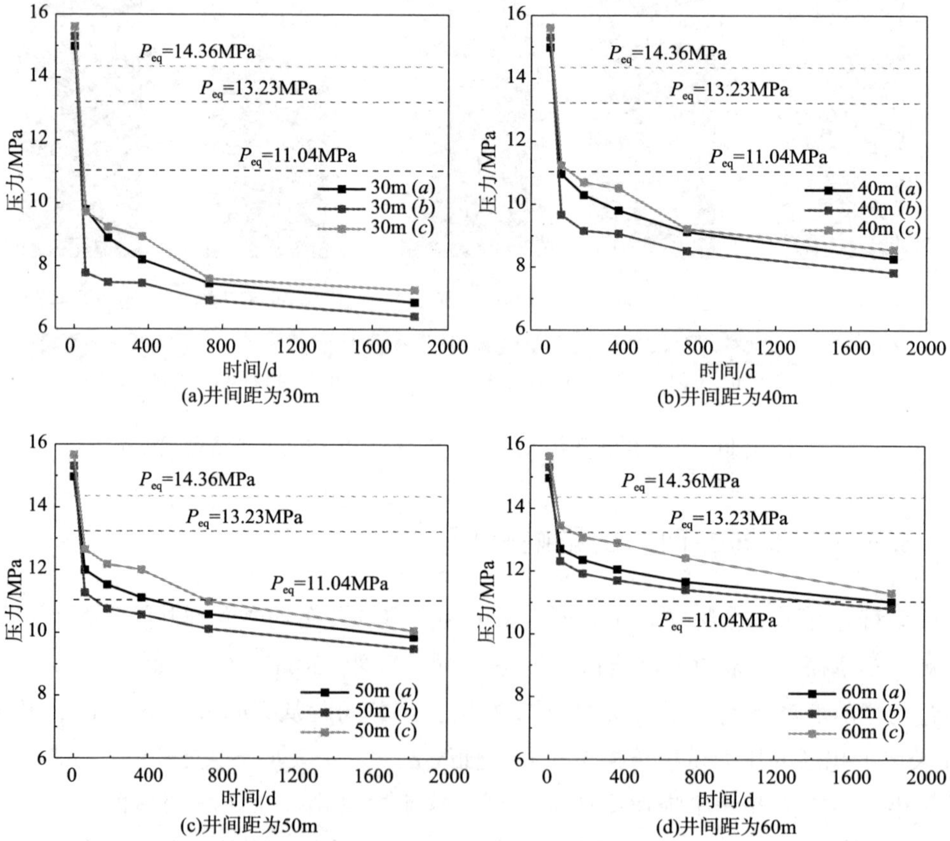

图 6.31　不同井间距时，XZ 二维截面中轴线上 a、b、c 处压力的变化

由图 6.32 可以看出，随着井间距的增加，*a*、*c* 处的温度均为先降低后升高，但升高的速率随着井间距的增加而减小，因为井间距越大，压降越晚传播至中轴线处，该处水合物分解越慢，吸热量越少，与周边沉积层的热传导作用越不明显，从而该处温度相对降低幅度越小，回温速率越慢，这也是水合物层Ⅰ与Ⅱ相交的 *b* 处温度降低幅度随着井间距的增加而减小的原因。随后井间距越小时，压力较快传播至中轴线处，其水合物分解驱动压差越大，水合物分解越快，如井间距为30m 时，*b* 处温度在开采 2 年后迅速回温，井间距为 50m 及 60m 时该处温度则相对滞后，直至开采 5 年时，仍未出现回温现象。

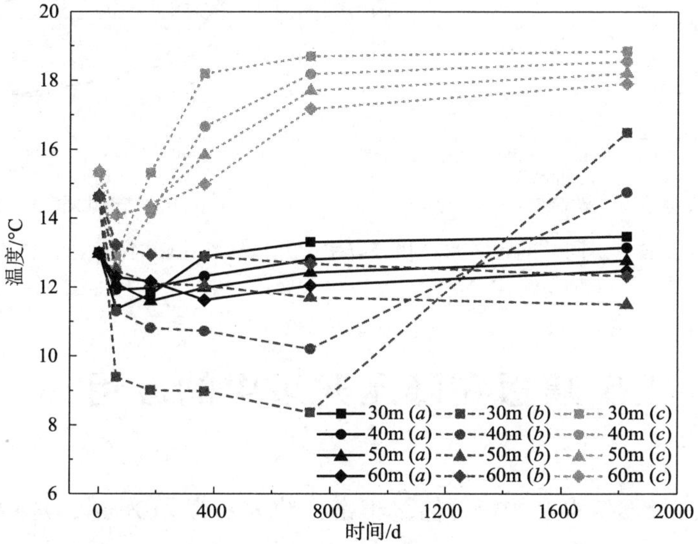

图 6.32　不同井间距时，*XZ* 二维截面中轴线上 *a*、*b*、*c* 处温度的变化

图 6.33 为井间距分别为 30m、40m、50m 及 60m 时水合物分解率 H_d 及 R_{GW} 随时间的变化曲线。由图 6.33 可以看出，随着井间距的增加，水合物分解率不断下降，开采至 10 年，井间距为 30m 时，水合物分解率已达到 100%，此时井间距为 60m 的水合物分解率仅为 59%。通过气液比变化曲线可以看出，气液比随着井间距的增加而呈现前、中期降低，后期略微增大的趋势，这主要与双井之间的流场分布有关。

综合分析认为，双井联合降压开采时井间距为 40m 时，可能更有助于水合物藏的生产，因为开采至 5 年时，该井间距下水合物分解率约为 92%，绝大部分水合物已分解，气液比在整个生产周期内长期处于较高值。此外，这也说明了水合物藏开采不同于常规油气藏的，较小的井间距可能会更有利于水合物藏开采，同时我国南海天然气水合物藏多位于海底以下几百米内较浅的泥质粉砂非成岩型沉积层内，沉积层质地松软更有助开采井的钻探，这也为未来多直井联合开采形成了一定的优势。

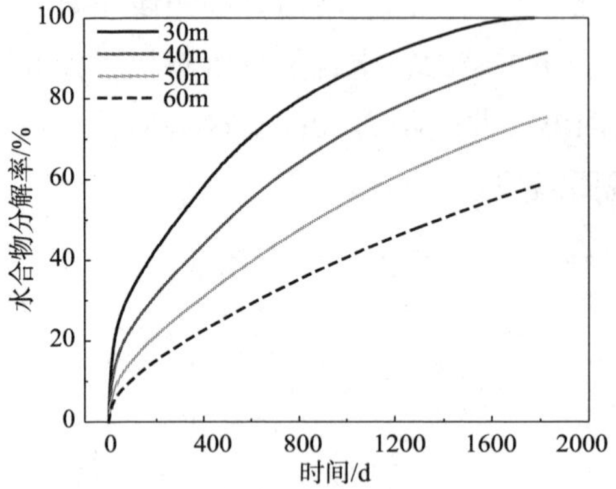

(a)水合物分解率随时间的变化

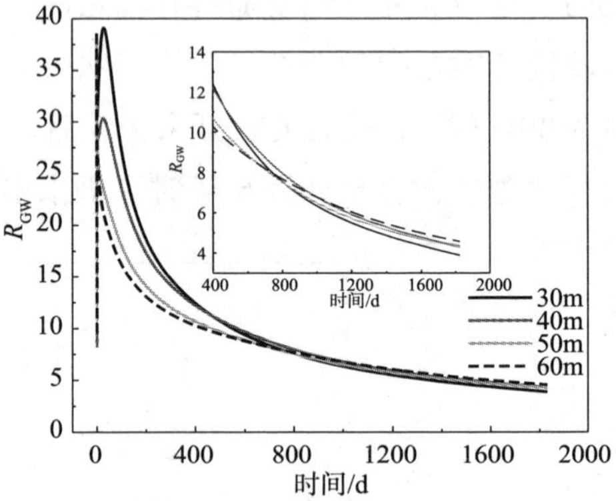

(b)井口气液比随时间的变化

图 6.33　不同井间距时水合物分解率、井口气液比随时间的变化曲线

6.6　人工隔板在降压开采中的应用

我国南海天然气水合物资源储量丰富，约为 $8.5\times10^{13}m^3$，是陆地常规天然气总量的 2.12 倍。对其及时有效开发，不仅可填补能源需求缺口，还可优化我国以煤炭、石油为主的资源禀赋，提高能源消费结构中天然气占比，进而为“双碳”目标的实现奠定基础。神狐海域作为我国天然气水合物藏开发研究战略与技术靶区，中国地质调查局分别于 2017 年及 2020 年在该区域成功实施了短期海域水合物藏的直井和水平井降压试采工程，实现了“探索性试采”向“试验性试采”的重大跨越。

鉴于海域天然气水合物藏资源的可瞻性，全球各国均非常重视其开采技术的研究，欲抢占高点且均已取得不菲成果。大量实验室研究与数次矿藏试采均表明，降压法是未来水合物藏开采的主要手段，但海域水合物储藏渗透率低且处于富水环境，这种自身特异性延缓了其产业化的脚步。因此，学者们在实验室通过复杂结构井、井网或储层改造等方式的尝试，试图打破储层渗透率对海域水合物藏降压开采的制约。吴能友等采用降压联合热激法时，发现水平分支井有利于水合物藏稳产的实现；高德利等指出大位移水平井或多分支井可提高水合物藏降压生产效率，或可适用于未来海域水合物藏开发；Li 等通过实验对比了多直井或水平井联采时水合物藏的生产特征；陈朝阳等通过数值模拟发现垂直井网降压开采可提高水合物藏采收率和井口产能；日本水合物研发计划联盟提出了一套 24 口直井的水合物藏商业开采井网部署方案；Deepak 等针对印度 KG 盆地水合物藏开展了井网联合开采的商业经济评价；Konno 等证实了水合物藏水力压裂的可行性，并指出压裂区域的高渗透性可有效促进沉积层内流体流动；赵佳飞等发现水力压裂可显著促进水合物分解，提高井口产能，且会随裂缝长度增加而愈加显著。然而，诸多方式实施的本质均是欲通过扩大井筒泄流面积或提高储层渗透率以实现储藏的增产、促产，随之势必会加剧井口产水矛盾，增加邻近层孔隙水的入侵，阻碍水合物分解及自由气汇入井筒，这也是目前海域水合物藏单井产量低、稳产周期短的主要原因之一。

传统油气藏开发领域类似于人工隔板堵水技术的应用，已非常成熟。通过向储层注入水溶性聚合物和有机交联剂，二者交联反应产生凝胶，其吸水膨胀后占据沉积物孔隙，进而可实现阻水目的。鉴于其显著的减水增效性，陈光进等创新性地提出在水合物层上部人为生成不可渗透 CO_2 水合物盖层以提高井口产能，并通过实验得以验证；侯健等通过数值模拟发现单层海域水合物藏中人工隔板的敷设可阻挡盖层孔隙水涌入井筒，促进水合物分解及井口产气。我国神狐海域水合物藏实为水合物、自由气与自由水三相共存分层体系，其中自由气的作用不可忽视，目前仍缺少该方面的研究。

为抑制或延缓海域层系水合物藏开采过程中的水锥效应，实现水合物藏稳气控水、量级增产的目的，笔者鉴于传统油气藏人工隔板堵水技术理念，以我国神狐海域三相共存水合物藏地质特征为背景，采用 TOUGH + HYDRATE 数值软件模拟了矿场尺度海域水合物藏敷设人工隔板后的降压生产过程，并分析了井口产气产水规律、压力/温度场及水合物/自由水饱和度空间分布规律，并进行了隔板半径对生产特征的敏感性分析，以期探究人工隔板堵水技术在海域层系水合物藏开采中的适应性。

6.6.1 储藏特征

模拟区域为我国南海北陆神狐海域 W17 站位水合物富集区，平均水合物层厚度为57m，整个水合物藏呈南北向分布，面积约为6.42km²，站位隶属于珠江口盆地珠Ⅱ坳陷白云凹陷的一部分。钻探及样品分析结果显示：W17站位水深为1266m，水合物赋存于海底以下201～251m，储藏孔隙度(ϕ)为0.32～0.35，平均水合物饱和度(S_H)为0.31，平均水饱和度(S_A)为0.56，平均自由气饱和度(S_G)为0.13，渗透率(k)为1.5×10^{-3}～$2.9\times10^{-3}\mu m^2$。此区域地温梯度处于0.043～0.068℃/m，孔隙水盐度质量分数为2.90%～3.15%。

6.6.2　模型描述及网格划分

图6.34为建立的模拟区域水合物藏物理模型示意图，具体假设条件与文献[12]一致，这里不再赘述。整体模拟区域为圆柱形(轴向为Z，径向为R)，上下盖层厚度为20m($-20m\leqslant Z\leqslant 0m$，$-117m\leqslant Z\leqslant -97m$)，水合物层Ⅰ厚度为35m($-55m\leqslant Z\leqslant -20m$)，水合物层Ⅱ厚度为15m($-70m\leqslant Z\leqslant -55m$)，自由气层厚度为27m($-97m\leqslant Z\leqslant -70m$)。所建模型径向长度取值150m，足够描述开采过程中水合物藏径向压力传播。其他相关参数：上盖层，$S_A=1.00$，$\phi=0.35$，$k=2.9\times10^{-3}\mu m^2$；水合物层Ⅰ，$S_H=0.34$，$S_A=0.66$，$\phi=0.35$，$k=2.9\times10^{-3}\mu m^2$；水合物层Ⅱ，$S_H=0.31$，$S_A=0.612$，$S_G=0.078$，$\phi=0.33$，$k=1.5\times10^{-3}\mu m^2$；自由气层，$S_A=0.922$，$S_G=0.078$，$\phi=0.32$，$k=7.4\times10^{-3}\mu m^2$；下盖层，$S_A=1.00$，$\phi=0.32$，$k=7.4\times10^{-3}\mu m^2$；气体组分定义为100%

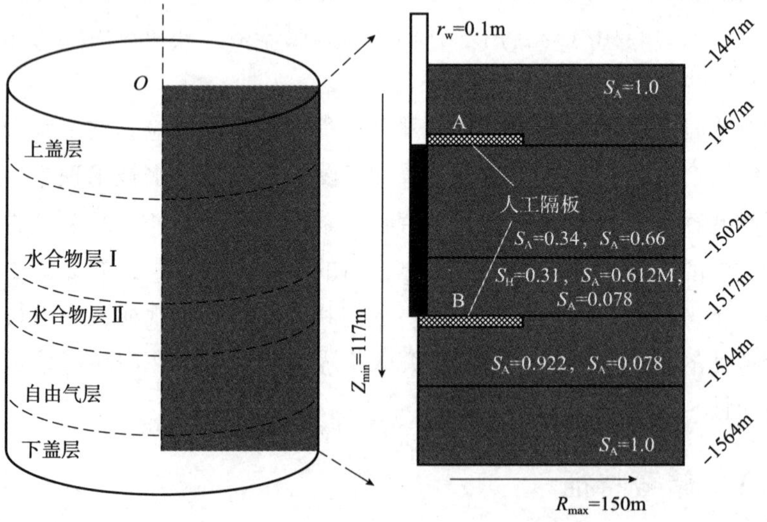

图6.34　模拟区域水合物藏物理模型示意图

CH_4，孔隙水盐度质量分数为 3.05%；沉积层密度为 2200kg/m^3，干、湿热导率分别为 1.0W/(m·K)及 1.7W/(m·K)；复合导热系数模型、毛细管压力模型及相对渗透率模型详见文献[12]。

本文模拟的 $0m \leqslant R \leqslant 150m$，$-117m \leqslant Z \leqslant 0m$ 圆柱体系沿着 R、Z 方向共计被离散为 81×194=15714 个网格，其中包含 15452 个活跃网格，模拟区域的最上下层边界被定义为非活跃网格，即温度和压力在模拟过程中保持恒定。沿 Z 方向，上下盖层分别被均匀划分为 20 个网格，ΔZ 为 1.0m；水合物层Ⅰ、水合物层Ⅱ及自由气层分别被均匀划分为 70、30、54 个网格，ΔZ 为 0.5m。沿 R 方向将网格依据对数增长的方式进行划分，其中初始网格长度为 0.05m，最大网格长度为 7.89m。水合物层Ⅰ、水合物层Ⅱ、自由气层与井筒附近网格划分致密，便于更准确地描述区域内传热传质过程。上述划分网格共产生 31153 个耦合数值方程。

6.6.3 初始及边界条件

上下边界层即最顶端与最底部的一层网格，其温度和压力设置为恒定，水合物藏模型初始化依据文献[30]、[31]的方法。海床温度为 3.7℃，依据沉积层地温梯度(0.0443℃/m)，下边界层温度可直接求取；假定储层压力遵循静水压分布，上下边界压力可根据温度、压力及海水密度计算。将上下边界温度、压力作为试模拟输入参数，通过反复试算确定各网格的初始参数。初始化后，水合物层Ⅱ底部初始压力为 15.504MPa，初始温度为 14.82℃。为模拟开采过程体系外部海水的可补充渗入性，模型上下边界设定可渗透，最外侧边界则定义为流动边界。

6.6.4 生产方案

如图 6.34 所示，开采井为一半径为 0.1m 的直井，生产层段贯穿整个水合物层Ⅰ及水合物层Ⅱ(层Ⅰ水合物储量相对丰富，层Ⅱ温度、压力条件则接近水合物相平衡态，易于分解)。降压开采期间，井筒始终维持定压 4.5MPa，同时假设生产井内：流体遵循达西定律，渗透率取值 $1\times10^{-9}m^2$(1000D)，孔隙度为 1.0，毛细管压力为 0。人工隔板敷设于上盖层($-20m \leqslant Z \leqslant -19m$)时，记为隔板 A；人工隔板敷设于自由气层时($-71m \leqslant Z \leqslant -70m$)，记为隔板 B；上下隔板同时敷设时，则记为隔板 AB。厚度为 1.0m、半径分别为 15m、30m、45m 及 60m 的人工隔板考虑敷设于不同生产情境。模型中仅通过渗透率为 0 的网格区域表征人工隔板敷设区域，其导热系数取值与原储层的相同。鉴于油气藏领域人工隔板堵水技术的成熟性，这里不考虑隔板的具体实施方法及过程。实际上，在敷设人工隔板时，由于水合物藏本身的致密性，需预先在敷设区域进行水力压裂形成人工裂缝带，随后注入水溶性聚合物和有机交联剂，二者在裂缝区域交联反应产生凝胶封堵物，最终形成封隔体系。

6.6.5　结果与讨论

到 2023 年为止，TOUGH + HYDRATE 已被广泛应用于国内外多个天然气水合物藏矿场尺度开采模拟，探究不同开采方式下水合物藏分解特征及生产规律，进而为水合物藏的开采提供理论指导。基于 2017 年神狐海域水合物藏单直井试采数据，所建立模型计算结果的准确性已证实，可用于后续结果的计算分析，这里不再赘述。

6.6.5.1　产气产水特征

以隔板 A、B 及 AB 半径为 30m 时，水合物藏的生产情境为例，分析了敷设人工隔板对海域层系水合物藏降压生产特征(产气产水、温度/压力及水合物/自由水饱和度空间变化规律)的影响。由图 6.35 及图 6.36 可以看出，定压生产初始时刻，所有情境的井口产气、产水速率瞬时达到最大峰值，因为此时井筒与附近沉积层压差最大，有助于储层内水合物分解或自由流体及时汇入井筒。随着井

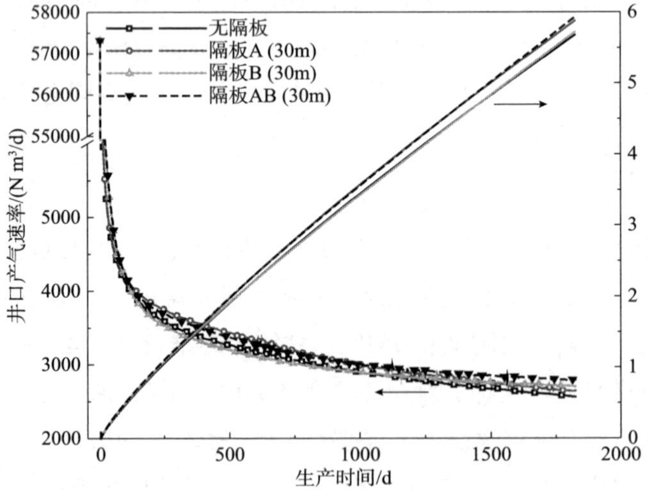

图 6.35　隔板半径为 30m 时，井口产气速率及累积产气量变化曲线

筒附近水合物分解殆尽且流体相对亏空，产气产水速率迅速降低。其中，井口产气速率不断下降，生产至5年时降至2600Nm³/d左右；速率与产气速率不同，产水速率则较短时间内快速降至最低值（2.4×10^5 kg/d左右），随后呈回升趋势。这是因为随着生产时间增加，水合物层Ⅰ的上端与上盖层、水合物层Ⅱ的下端与下部自由气层相融贯通，沉积层中孔隙水在井筒与沉积层之间压力差的驱动下大量涌向井筒，阻碍气体汇入；同时，水合物分解吸热会引起分解区域温度降低（图6.37），减缓水合物分解，从而使井口产气产水呈现不同的变化趋势。

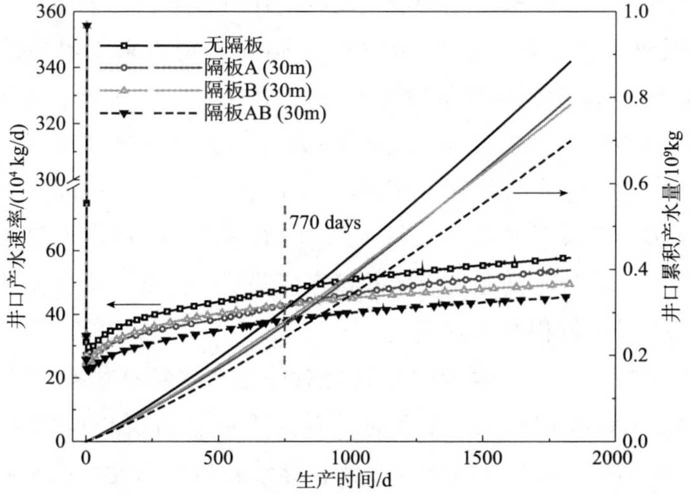

图6.36 隔板半径为30m时，井口产水速率及累积产水量变化曲线

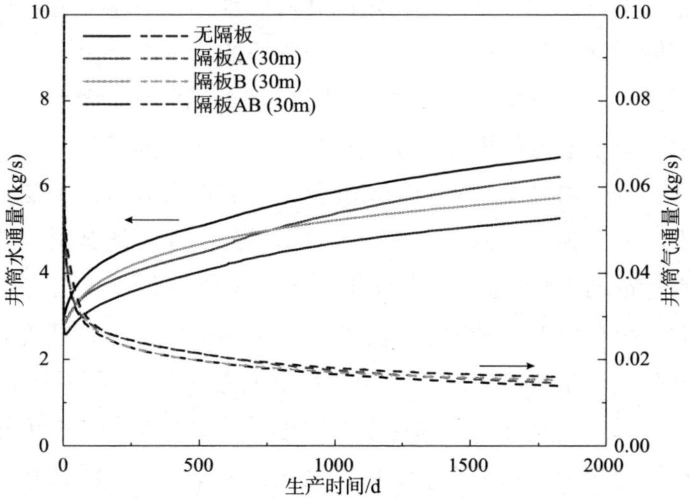

图6.37 隔板半径为30m时，井筒内水气通量变化曲线

通过图 6.35 对比不同人工隔板情境水合物藏产气特征，可以发现当上隔板(隔板 A)或上下隔板(隔板 AB)同时敷设时，生产过程中的井口产气速率始终略高于无隔板情境的，相应地，井口累积产气量也得到了一定提高；而当下隔板(隔板 B)存在时，其井口产气速率先稍高于无隔板情境的，之后降至其下，而后又越至其上，这主要与下隔板附近的水合物分解、自由气水的渗流以及水合物层Ⅱ中的初始自由气有关，但其最终井口累积产气量仍稍高于无隔板情境的。总体上，人工隔板的敷设对井口产气效果存在一定积极效用，同时综合三种隔板情境的产气结果发现上、下隔板产生的增气效应存在可叠加性，如生产至 5 年时，隔板 A 情境累积增气量约为 0.197×10^6 Nm^3，隔板 B 情境累积增气量约为 0.42×10^5 Nm^3，隔板 AB 情境累积增气量约为 0.251×10^6 Nm^3。一方面，可能是由于气体渗透性较强且自身伴有上浮效应，进而下伏自由气可绕过隔板的限制(这也是模型中考虑下隔板敷设于水合物层Ⅱ下部，而不是自由气层下部的主要原因)；另一方面，人工隔板敷设后井口产水量下降(图 6.36)，井口产出气中累积溶解气量也会相应减少，导致不同程度上的井口产气降低。因此，整体上表现为井口累积产气增量大大逊于累积产水减量。

不同于产气特征，人工隔板的敷设会对井口产水特征影响较大。由图 6.36 可以看出，当上隔板(隔板 A)存在时，因为其可阻碍沉积层内压力垂向传播(图 6.38)，同时阻挡上盖层中孔隙水下渗，导致井口产水速率及累积产水量显著低于无隔板情境的；类似地，当下隔板(隔板 B)存在时，其可阻碍自由气层甚至下盖层中孔隙水上侵。此外，两种情境的井口产水存在一定差异，即约 770 天之前，上隔板情境的井口产水速率低于下隔板情境的，可能是由于水合物层Ⅰ上部边缘融解速率慢于水合物层Ⅱ下部边缘(图 6.40)，进而分解水产出较少，同时也一定程度上阻碍了上盖层中孔隙水绕过隔板汇向井筒的过程。随着隔板附近水合物分解殆尽，水合物层Ⅰ与水合物层Ⅱ分别与邻近层贯通，上覆孔隙水在重力作用下迅速下渗汇入井筒，而自由气层中自由气的上浮可能会阻碍孔隙水汇入井筒，同时产水特征与上/下盖层、水合物层Ⅰ、水合物Ⅱ及自由气层本身物性差异也密切相关。综合以上多种因素，最终导致上隔板(隔板 A)情境井口产水速率高于下隔板(隔板 B)情境，但井口累积产水量相差无几；当上下隔板(隔板 AB)同时存在时，可以发现其井口产水速率始终远低于其他情境，5 年井口累积产水量相比无隔板情境减少约 0.184×10^9 kg，这充分说明了人工隔板在水合物藏开采过程中堵水的有效性，可以起到减水控水的目的。此外，类似于产气，上下隔板产生的减水效应也存在一定的可叠加性，如隔板 A 情境累积减水约 9.28%，隔板 B 情境累积减水约 11.24%，隔板 AB 情境累积减水约 20.88%。

图 6.37 为生产期间井筒内水气通量的变化曲线，可以看出人工隔板的存在会显著影响井筒内水通量，尤其当上下隔板(隔板 AB)同时存在时，其井筒内水通量始终远低于无隔板情境的，说明隔板的敷设一定程度上增大了沉积层中自由水的流阻，进而抑制了沉积层内，尤其垂向压力的传播扩散(图 6.40)，这将有助于沉积层内水合物分解及分解气产出。

6.6.5.2 压力场、温度场空间分布

图 6.38 对比了不同生产时刻(60 天、1 年、2 年及 5 年)无隔板与隔板 AB 半径为 30m 时，水合物藏内压力场分布。可以看出，生产期间不同情境从井筒沿径向均产生了明显的压力梯度，且随生产时间的延续不断加剧。井筒附近始终存在显著的低压区域，主要是由于此处水合物分解引起区域渗透率增大的缘故。生产至 60 天，无隔板情境的压力垂向传播便已显著涉及上盖层与自由气层，隔板 AB 情境则不同，其隔板附近区域压力垂向传播，仅在末端呈现出绕过隔板的趋势。尽管随生产的持续，其压力传播绕过隔板涉及区域并不断扩大，但隔板附近垂向压力梯度(波及上盖层与自由气层的区域)始终小于无隔板情境。这将显著影响涉及层段孔隙水的渗流特征，进而降低井口产水(图 6.36)。此外，相较无隔板情境，隔板 AB 情境在整个生产期间沿径向方向的压力传播更为均匀，其有助于水合物层Ⅰ及水合物层Ⅱ内水合物分解及气体产出。也就是说，人工隔板不仅可有效阻碍其敷设区域附近沉积层内压力垂向传播，还有助于水合物层压力径向扩散。

图 6.39 对比了不同生产时刻(60 天、1 年、2 年及 5 年)无隔板与隔板 AB 半径为 30m 时，水合物藏内温度场分布。生产至 60 天时，井筒附近尤其是井筒下部(水合物层Ⅱ)，便已出现了显著的低温区域，这主要是由于井筒附近水合物分解吸热及自由气体涌入井筒引起的“焦汤效应”所致。此时隔板 AB 情境低温区域面积大于无隔板情境的，表明前者水合物分解量甚于后者的。同时，由于缺乏人工隔板的“保护”，无隔板情境自由气层与下盖层中的孔隙水已在压差的驱动下汇入井筒，呈现“底水锥进”的形式，表现为较高值的等温线汇聚于井筒附近，且此种情形随着生产时间的延续不断加剧。隔板 AB 情境的则不同，其下隔板附近区域温度始终相对较为温和，也就是说底部热流相对涉及较少。相比之下，隔板附近、上隔板附近区域的温度差异较小。由于低温区域与周围环境持续进行热量传递，此区域会逐渐消失。

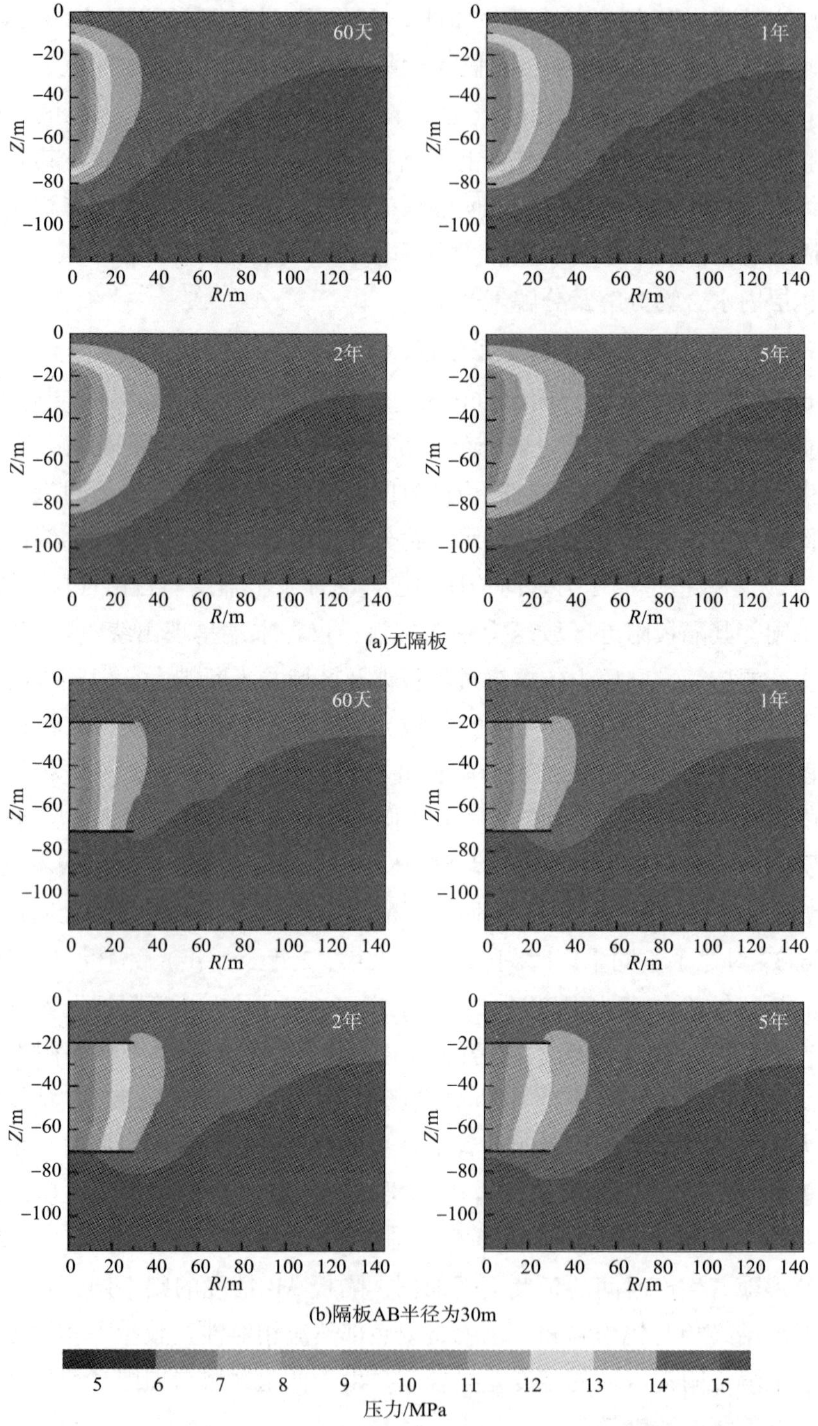

图 6.38　无隔板与隔板 AB 半径为 30m 时，水合物藏内压力场分布

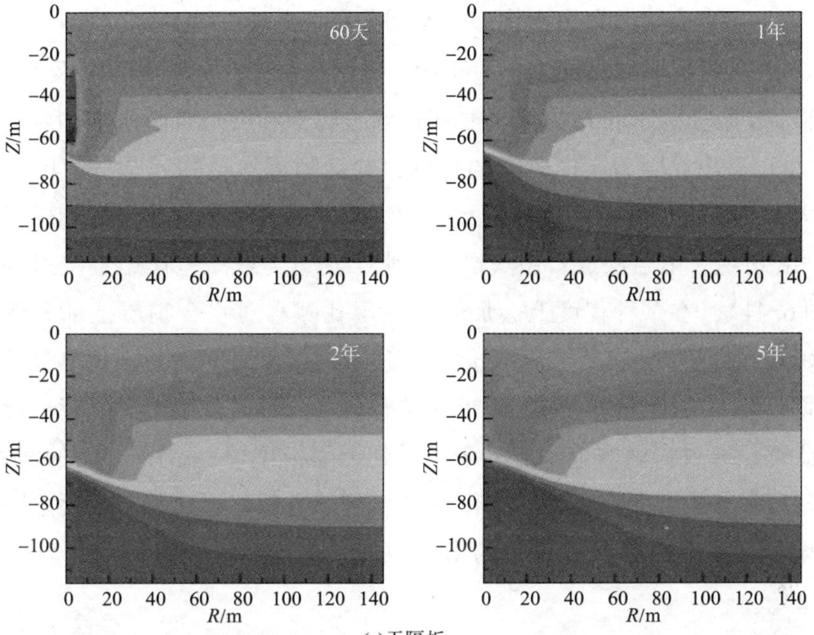

(a)无隔板

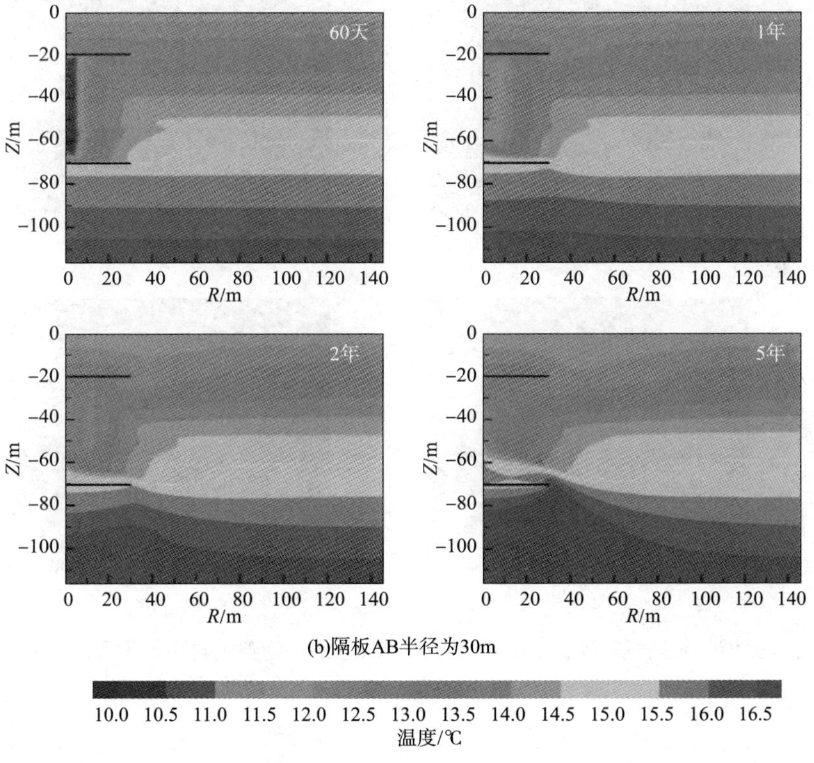

(b)隔板AB半径为30m

图 6. 39　无隔板与隔板 AB 半径为 30m 时，水合物藏内温度场分布

6.6.5.3 水合物及自由水饱和度空间分布

图6.40、图6.41分别对比了不同生产时刻(60天、1年、2年及5年)无隔板与隔板AB半径为30m时，水合物藏内水合物饱和度与自由水饱和度分布。从图6.38可以看出，随着生产时间的延续，井筒附近水合物完全分解区域沿径向不断扩大，尤其是上下分解界面，水合物完全分解区域与相邻层段相融贯通。对于隔板AB情境，上盖层或自由气层孔隙水会在重力或压差作用下绕过隔板汇向井筒(图6.41)，在某种程度上会加剧上盖层孔隙水对水合物层上部分解边缘的冲刷，延长底部热流与水合物层下部分解边缘的接触时间，并强化热量传递，促进水合物分解，这也是隔板末端附近区域水合物分解显著快于无隔板情境的主要原因。此外，通过自由水饱和度分布可看到无隔板情境“底水锥进”的演变过程，而这一过程最终也显著降低了井筒附近自由气的有效汇入面积。相比之下，人工隔板敷设可有效实现生产过程中的阻水效应，进而有助于井口综合含水率降低(图6.42)。

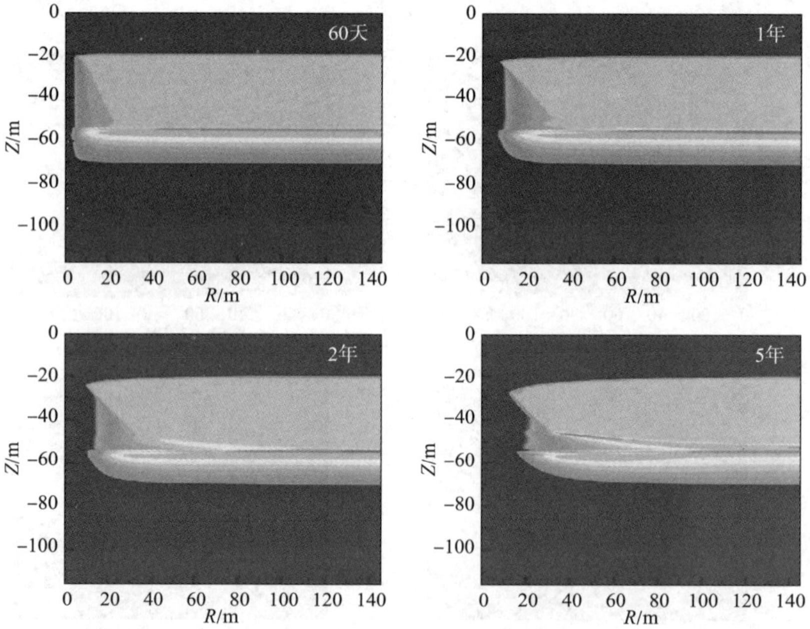

(a)无隔板

图6.40 无隔板与隔板AB半径为30m时，水合物藏内自由水饱和度分布

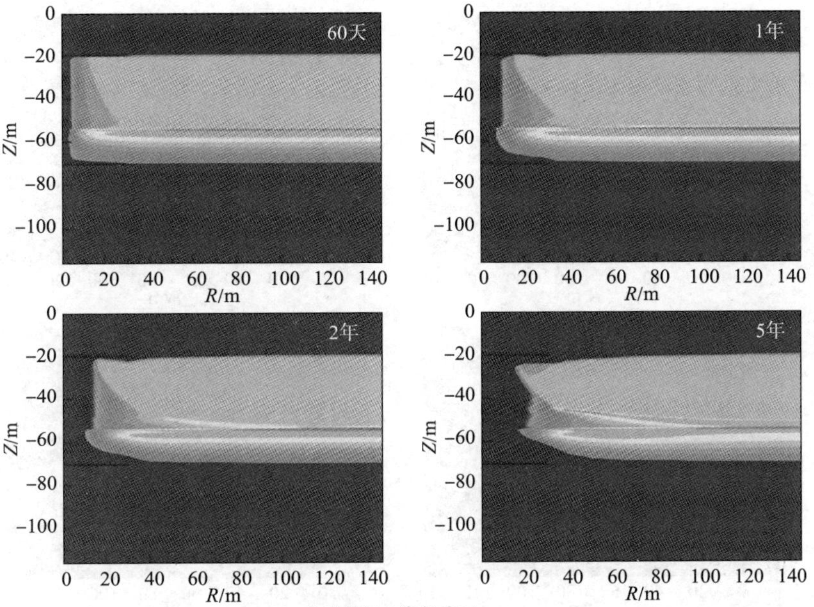

(b)隔板AB半径为30m

图 6.40　无隔板与隔板 AB 半径为 30m 时，水合物藏内自由水饱和度分布(续)

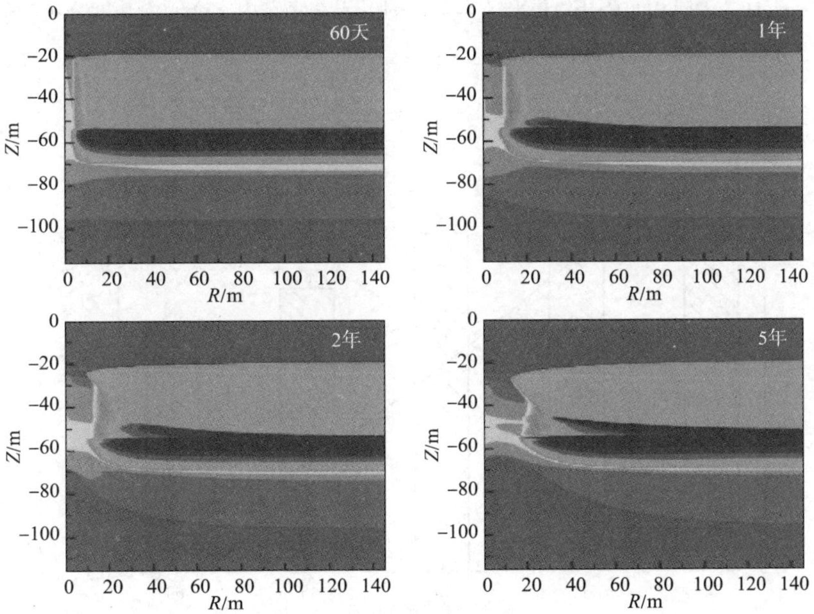

(a)无隔板

图 6.41　无隔板与隔板 AB 半径为 30m 时，水合物藏内水合物饱和度分布

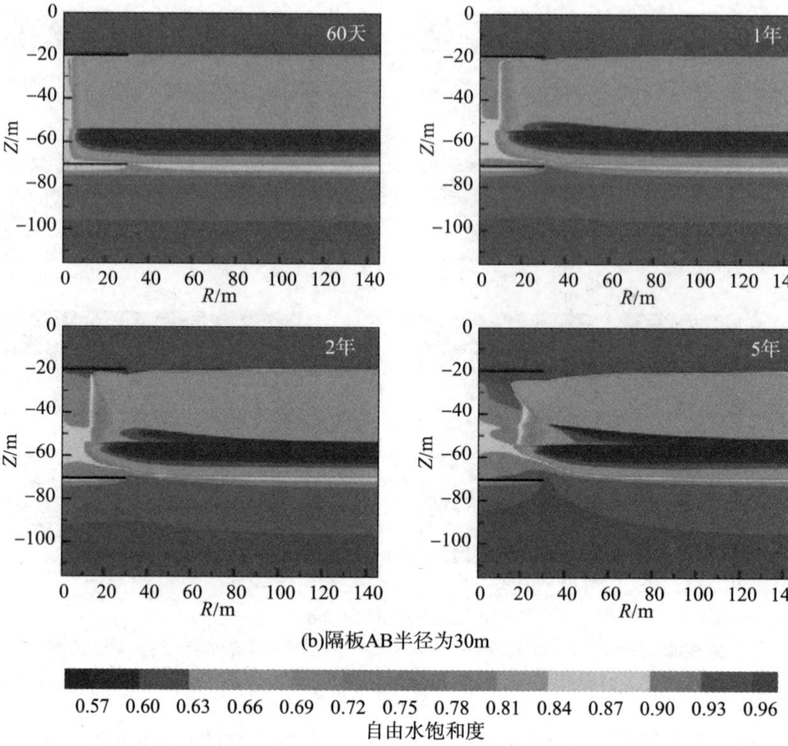

图 6.41 无隔板与隔板 AB 半径为 30m 时，水合物藏内水合物饱和度分布(续)

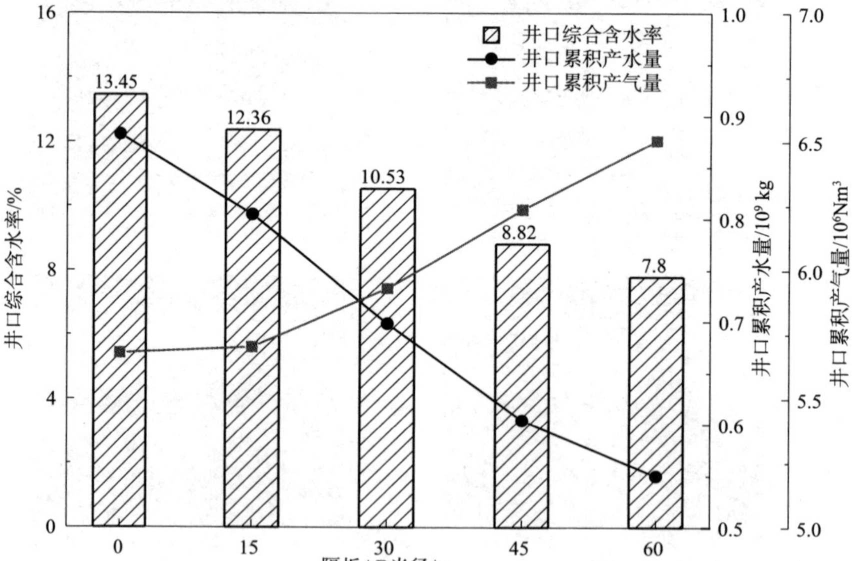

图 6.42 不同隔板 AB 半径生产至 5 年时，井口累积产气产水及综合含水率变化曲线

6.6.5.4 隔板半径对生产特征的影响

进一步，考察了不同隔板 AB 半径(0m、15m、30m、45m 及 60m)对海域层系水合物藏降压生产特征的影响规律。由图 6.42 可以看出，随着隔板 AB 半径从 0m 增至 60m，生产至 5 年时井口累积产水量持续显著降低，井口累积产气量连续增加，相应地，井口综合含水率从 13.45% 降至 7.8%，这将大大有助于水合物藏生产效益的提升。此外，隔板 AB 的敷设将显著促进水合物藏内水合物分解(图 6.43)。生产至 5 年时，无隔板情境水合物分解率仅为 3.84%；隔板 AB 半径为 60m 时，其水合物分解率可达 6.32%。一方面，表明人工隔板的敷设有助于水合物分解；另一方面，综合分析产气产水效果则会发现，目前仅靠人工隔板联合降压开采水合物藏，仍不足以实现商业化效益，依然停留在产气低、入不敷出(投入资本远大于产出效益)的局面。因此，未来水合物藏商业化开采不能仅局限于传统油气藏生产技术的借鉴，还应多角度自主创新、降本增效，可考虑油气水合物多资源联采模式，最终实现海底局部智能化、灵活分布式开采(井下梦工厂)。

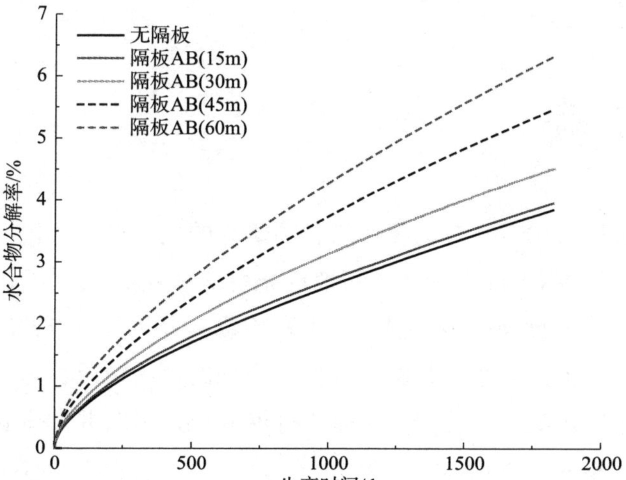

图 6.43 不同隔板 AB 半径时，水合物分解率变化曲线

6.6.6 结论

(1)敷设人工隔板时，井口累积产气量会不同程度增加，井口累积产水量则显著减少，因为隔板的敷设会显著增大沉积层中自由水的流动阻力。整体上井口累积产气增量大大逊于累积产水减量，因为自由水中溶解气也是井口产气的重要

来源。上下隔板在井口累积增气或减水方面均存在一定的可叠加性。

(2)上下隔板同时敷设时，其整个生产期间径向压力传播更均匀，即人工隔板的存在不仅可有效阻碍敷设区域附近沉积层内压力垂向传播，还有助于水合物层压力径向扩散，进而促进水合物分解及气体产出。井筒附近尤其是下部温度始终相对较温和，表明底部热流相对较少被涉及。饱和度空间分布结果显示，隔板末端附近区域水合物分解快于无隔板情境，且隔板的存在会降低井筒附近自由水有效汇入面积。

(3)随着上下隔板半径的增加，水合物分解率及井口累积产气量持续增加，井口累积产水量快速下降，进而井口综合含水率显著降低，这将有助于海域水合物藏生产效益的提升。

(4)人工隔板堵水技术适用于海域水合物藏降压生产，但仅靠人工隔板联合降压开采海域层系水合物藏，仍难以实现商业化效益。未来水合物藏开采还应重视降本增效，同时可考虑油气水合物多资源联采模式及海底局部智能化、灵活分布式开采的实现。

6.7 小结

南海神狐海域天然气水合物藏作为我国研究的主要试采靶区，蕴有丰富的天然气资源。本章以 W17 站位水合物藏地层条件为基础，建立了包含有下伏游离水气的多层水合物藏物理模型，模拟了水合物藏单直井及双直井联合降压开采的生产情况，评估了该区域水合物藏较长生产周期的开采情况，考察了下伏游离气对水合物藏开采的影响，对比分析了垂直井网降压开采时井间干扰作用对水合物藏生产的影响，主要可得出以下结论。

(1)开采时钻井施工及地层中泥质粉砂固相的运移均会造成沉积层的有效渗透率增大，通过评估 60 天内水合物层Ⅰ和Ⅱ在不同渗透率($7.4\times10^{-3}\mu m^2$、$15\times10^{-3}\mu m^2$、$20\times10^{-3}\mu m^2$、$25\times10^{-3}\mu m^2$)下的生产结果，可以得出其渗透率为 $20\times10^{-3}\mu m^2$ 时，模拟产气结果与试采数据最接近。

(2)开采初始阶段井筒附近水合物迅速分解吸热及游离气涌入井筒引起的“焦汤效应”会导致井筒附近较大的低温区域，该区域会随着水合物的不断分解逐渐消失并开始回温。随着开采时间的增加，水合物分解速率不断降低。当水合物层上下界面分解区域与盖层贯通后，沉积层中的孔隙水会在压差及重力驱动下涌向开采井，阻碍气体流向开采井。随着开采时间的增加，水合物分解气在井口产出气中占比不断下降，开采至10年时约占总产量的44.5%。

(3)单直井定压开采水合物藏时，大部分产出气来自孔隙水中的溶解 CH_4 及沉积层本身的游离气，会有大量水合物分解气滞留在水合物层，与游离水结合生成二次水合物，主要聚集在水合物层Ⅰ分解前沿下后方及两个水合物层界面附近。开采过程中气体主要聚集在井筒与水合物分解前缘之间，在较低渗透率的沉积物中气体流动受限。开采10年时井口产气速率仅为1412Nm^3/d，远远低于商业开采速率，此时井口产水总量与外部来水的供给量大致相同。

(4)水合物藏驱动压差越大，流体流动驱动力越大且水合物藏与周边环境的热传导速率越大，水合物分解率及产气速率越大，尽管可以适当增加产气量，但会导致产水量相应增加。开采初期，水合物藏下伏游离气的存在会促进水合物分解，随后下伏游离气的上浮会阻碍下部热流与水合物层下端分解前缘的接触，从而阻碍水合物分解。下伏游离气存在的水合物藏井口累积产气量及气液比始终大于无下伏游离气水合物藏的。开采至10年时，无下伏游离气水合物藏的水合物藏分解率明显大于有下伏游离气存在的水合物藏的，但由于水合物藏初始游离气的存在，使有下伏游离气的水合物藏井口产气量 Q_P 始终大于前者的，且可以降低井口累积产水量约11%，表明游离气的存在是有助于水合物藏开采。

(5)双直井联合降压开采时，过小的井间距会导致井间区域存在压降迭加效应，甚至导致部分流体滞留在两井中轴线附近，形成“死液区”，进而会降低产水率。在井间干扰的作用下，双井联合开采时平均每口井井口产气速率始终低于单井开采时的，且前者的产水率会显著下降，如开采至5年，双井联合开采时平均每口井累积产水量为 4.96×10^8kg，单井开采时产水总量仅为 8.92×10^8kg。双井联合开采时，井间距越大，两井中间交汇区域的压降越慢，导致水合物分解速率越小，与周边沉积层的热传导作用也越弱，该区域温度相对降低幅度也越小。与常规油气藏不同的是较小的井间距更有助于水合物藏的有效开采，从水合物分解率及井口产出气液比的角度来看，双井联合降压开采时，40m的井间距更有助于水合物藏的生产。

(6)人工隔板敷设情境的井口产水速率及累积产水量均低于无隔板情境的，尤其上、下隔板同时敷设时，其5年井口累积产水量减少约20.88%。①上、下隔板敷设的井口累积增气量或减水量均存在一定的可叠加性，即人工隔板对水合物藏降压生产存在积极效用。②上、下隔板同时敷设时，可有效阻碍敷设区域附近沉积层内压力垂向传播，同时整个生产期间沉积层内压力径向传播更均匀，井筒附近尤其是下部温度始终相对较温和(底部热流相对较少被涉及)。隔板末端附近区域水合物分解显著快于无隔板情境的，且隔板的敷设可缩减井筒附近自由水有效汇入面积。③随着上下隔板敷设半径从 0m 增至 60m，5 年井口累积产水量显著降低，井口累积产气量持续增加，井口综合含水率从 13. 45% 降至 7. 8% ，水合物分解率从 3. 84% 升至 6. 32% 。综合分析认为，人工隔板的敷设有助于海域层系水合物藏降压生产，但仅靠人工隔板联合降压开采技术，仍不足以实现商业化效益。

7　富里酸及盐对泥质粉砂中二次水合物生成分解的影响

7.1　引言

天然气水合物藏在降压开采过程中由于局部温度急剧降低，会导致二次水合物生成，且已通过水合物开采实验和数值模拟得到证实，这将不利于水合物藏的生产。目前，国内外关于沉积物中二次水合物生成的研究多集中于水合物储层的压力、温度、孔隙水盐度以及沉积物的表面积、孔径和粒度等影响因素，对于沉积物中的有机质对二次水合物的形成与分解影响的研究非常少。自然界中海底水合物藏赋存的沉积物中往往易聚集有机质，如韩国 Ulleung 海盆附近海底沉积物中有机质含量高达 10%，我国雷州半岛区域海底沉积物中平均有机质含量至少为 1.49%，目前，这些有机质的存在对海底沉积物中水合物形成分解的影响机制尚不清楚。

因此，本章基于我国南海神狐海域水合物藏的储层条件，采用模拟泥质粉砂多孔介质，选取孔隙水盐度及富里酸(FA，有机质的主要成分之一)两个关键影响因素，实验模拟了泥质粉砂中不同浓度 FA 及其在盐水条件下，甲烷水合物生成分解的过程，探究其对开采过程中二次水合物生成分解的影响，分析了泥质粉砂多孔介质条件下水合物生成分解过程中 FA 及 NaCl 的作用机理。

7.2　实验部分

7.2.1　实验材料

实验所用 CH_4(CAS/74－82－8)气体纯度为 99.9%，由佛山市华特气体有限公司提供；去离子水（CAS/7732－18－5）通过实验室的超去离子水设备 Green－10t 制备，其电导率为 18.25mΩ·cm^{-1}；纯度为 95% 的富里酸试剂（FA，CAS/479－66－3）购自上海麦克林生化科技有限公司；纯度为 99.8% 的氯化钠试剂（NaCl，CAS/7647－14－5）则由上海阿拉丁生化科技有限公司提供；实验前分别将一定量的 FA 和 NaCl 试剂溶解于去离子水中，配制实验所需质量分数分别为 2.0%、6.0%、10.0% 的 FA 溶液及质量分数为 3.0% 的 NaCl 溶液，且采用数字超声波清洁器 PS－20A 对所配溶液进行常温振荡使其均匀分散。

实验采用质量比为 7.5：1.5：1 的粉质石英砂、蒙脱土和超细高岭土混合物模拟我国南海神狐海域水合物藏的沉积物。粉质石英砂（200～400 目，CAS/14808－60－7）购自山东蓝环保科技有限公司，蒙脱土（CAS/1318－93－0）及超细高岭土（CAS/1332－58－7）分别由上海阿拉丁生化科技有限公司及上海麦克林生化科技有限公司提供。

实验前利用扫描电镜 SEM S－4800 对石英砂、蒙脱土、超细高岭土及我国南海神狐海域（SCS）水合物藏沉积物样品的微观形貌进行了测定，如图 7.1 所示。由图 7.1 可以看出，石英砂表面光滑，而蒙脱土和超细高岭土则与深海沉积物相似，具有复杂的表面结构。此外，深海沉积物中还发现了有孔虫化石［图 7.1（e）］，这也会增强深海沉积物表面的复杂性，表明单一的多孔介质与深海沉积物之间的确存在较大的差异。而三种多孔介质混合后的富含黏土的粉质石英砂［图 7.1（f）］则表现出与深海沉积物样品［图 7.1（d）］表明更为接近的表面形貌。

(a)粉砂　(b)蒙脱土　(c)超细高岭土

(d)南海神狐海域沉积物样品(883m)　(e)南海神狐海域沉积物样品(1600m)　(f)混合泥质粉砂

图 7.1　不同多孔介质及实际深海沉积物的电镜扫描图

利用 Mastersizer 2000 粒度分析仪测量了不同多孔介质及深海沉积物的粒径分布，如图 7.2 所示。不同多孔介质及深海沉积物的密度、比表面积、平均孔径和孔隙体积如表 7.1 所示，其中密度是通过真密度计 VPY－30 测定的，比表面积、孔径和孔隙体积则是利用 BET－Si－MP－10 测定的。

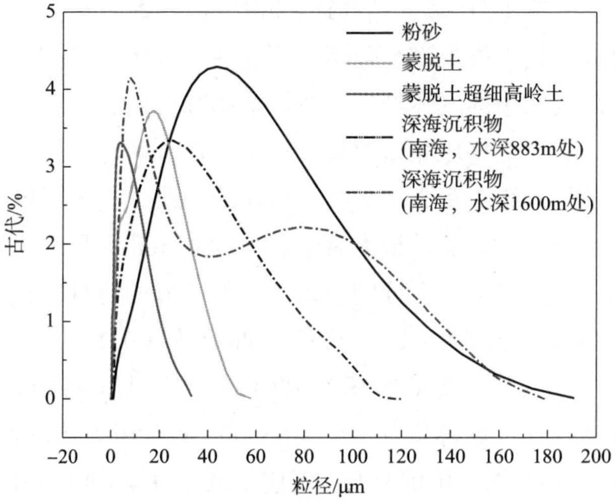

图 7.2　不同多孔介质及实际深海沉积物的粒径分布示意图

表 7.1　不同多孔介质及深海沉积物的相关物理参数

编号	孔隙阶段	密度/$g \cdot cm^{-3}$	比表面积/$m^2 \cdot g^{-1}$	平均孔径/nm	孔隙体积/$cm^3 \cdot g^{-1}$
1	粉砂	2.59	11.099	12.913	0.05472
2	蒙脱土	2.57	21.425	7.754	0.13468
3	超细高岭土	2.55	9.763	20.242	0.04940
4	深海沉积物(883m)	2.69	16.997	23.134	0.05423
5	深海沉积物(1600m)	2.81	16.412	7.898	0.04997

由图 7.2 可以看出，我国南海神狐海域水深 883m 和 1600m 处海洋沉积物的实测粒径分别为 0.476～126.19μm 和 0.399～178.25μm。石英砂、蒙脱土和高岭土的粒径分别为 1.202～120.226μm、0.363～36.308μm 和 0.331～27.542μm，基本上涵盖了深海沉积物的粒径范围。此外，石英砂和蒙脱土的比表面积接近于深海沉积物，蒙脱土和高岭土的平均孔径分别为 7.754nm 和 20.242nm。石英砂和高岭土的孔隙体积与海洋沉积物的一致。从而说明了本实验中所用的泥质粉砂

与深海沉积物具有一定的相似性。

7.2.2 实验装置

多孔介质中天然气水合物动力学研究的实验系统如图 7.3 所示。该装置主要由供气系统、高压反应釜(CR)、储气罐(SR)、恒温控制水浴、压力控制系统和数据采集系统组成。其中供气系统包括高压气瓶、气体调压阀、空气压缩机、气体增压泵等，高压气瓶中的气体经过气体调节阀减压后，需要通过气体增压泵增至实验所需压力，利用空气压缩机驱动增压泵工作，其中气体调节阀、气体增压泵及空气压缩机型号与第 2 章 2.2.2 节中描述的一致；高压反应釜是多孔介质中天然气水合物生成分解的容器，最大有效容积为 475mL，压力上限为 25MPa，材质为 316 不锈钢，反应釜上、下分别插入两个 Pt 100 热电偶，用于测量气相及多孔介质的温度，其测量范围为 -20 ~ 200℃，精度为 ±0.1℃；储气罐则用于收集水合物分解过程中的气体，有效容积为 1091mL，可耐压 25MPa，同样为 316 不锈钢制成；反应釜及储气罐各装有一个 MBS3000 绝对压力传感器以测量其压力，量程为 0 ~ 25MPa、精度为 ±0.01MPa；反应釜及储气罐均沉浸在恒温水浴维持特定温度，恒温水浴的精度为 ±0.1℃；在反应釜和储气罐之间安装一个 PID 气动压力控制阀，用于控制反应釜内压力使其恒定；实验过程中系统的压力及温度信号均通过 ADAM5510 数据采集系统连续采集和记录。

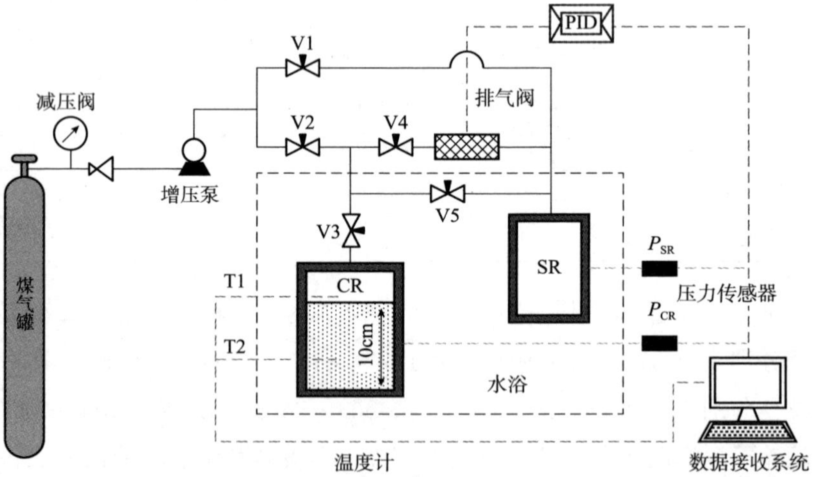

图 7.3 多孔介质中天然气水合物动力学实验系统示意图

7.2.3 实验装置可靠性验证

为了验证本实验平台的可靠性，实验之前对纯水体系中甲烷水合物的平衡条件进行了测定，其结果与文献的结果吻合较好。同时也测定了泥质粉砂中水溶液及 3.0% NaCl 溶液体系下天然气水合物的相平衡条件，如表 7.2 及图 7.4 所示。由表 7.2 和图 7.4 可以看出，泥质粉砂多孔介质中天然气水合物的相平衡压力略高于纯水体系的，测量结果与文献中基本一致，同样也说明了该实验系统测量数据的准确可靠性。

表 7.2　纯水及不同盐水溶液体系中，CH_4 水合物相平衡测定值

体系	T/K	P/MPa	ΔH_d/(kJ·mol^{-1})	体系	T/K	P/MPa	ΔH_d/(kJ·mol^{-1})
纯水	283.01	7.1	59.73	纯水	279.00	4.58	57.51
	284.20	8.0			281.60	6.09	
	285.20	9.0			283.40	7.40	
纯水	283.01	7.1	57.09	3.5% NaCl	286.00	9.70	63.89
	285.10	8.6			281.32	7.0	
	286.10	9.6			284.60	10.0	
	287.45	11.1			287.98	15.0	
纯水（深海沉积物）	281.75	7.0	61.70	2.84% NaCl（硅砂）	288.67	17.0	61.01
	283.65	8.5			286.00	10.68	
	284.95	9.8			288.30	13.89	
	286.35	11.3			289.10	15.24	
纯水（混合多孔介质）	284.95	8.62	60.33	3.0% NaCl（混合深海沉积物）	289.70	16.22	59.85
	287.75	11.69			283.85	8.80	
	289.25	13.73			285.95	11.35	
	290.55	16.11			287.05	12.56	
					288.25	14.44	

同样，泥质粉砂中 3.0% NaCl 溶液体系下天然气水合物的相平衡压力也高于 3.0% NaCl 纯溶液体系的。多孔介质中天然气水合物的相平衡曲线会比纯溶液体系的向左偏移，这主要是由于：一方面多孔介质的亲水表面可以吸引水分子，降

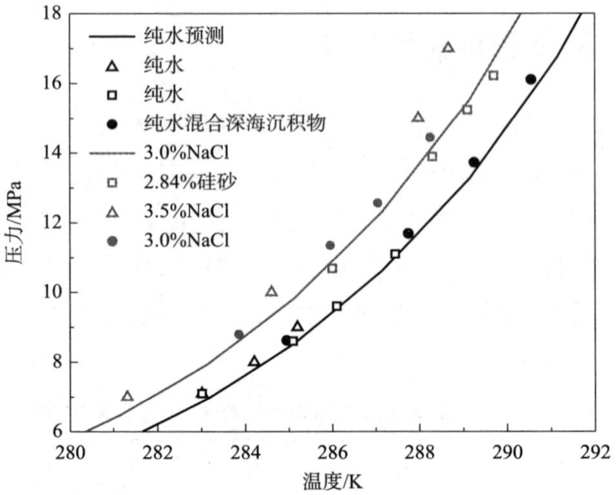

图 7.4　不同溶液体系中，甲烷水合物相平衡测定值与文献值对比

低水的活性，从而增加天然气水合物的相平衡压力；另一方面细颗粒多孔介质中存在较强的毛细管力，需要额外的能量维持毛细管内的平衡。

关于 NaCl 显著抑制天然气水合物的形成，提高水合物的相平衡压力方面已有大量研究，其具体机理可以解释为：①电解质 NaCl 溶液中的 Cl^- 由于静电作用而从水分子中吸收 H^+，破坏水分子的电荷平衡，影响氢键的稳定性，特别是对嵌入水合物中的 Cl^-；②Na^+ 附近的水合物结构可能发生变形，导致水合物结构不稳定；③与纯水体系相比，盐溶液中 NaCl 的存在会对溶液中 CH_4 溶解产生盐析效应，导致溶液中 CH_4 浓度较低，溶液相和水合物之间的 CH_4 浓度梯度较低。因此，与纯水体系相比，NaCl 溶液中水合物的相平衡倾向于更高的压力和更低的温度。

7.3　泥质粉砂中天然气水合物的相平衡测定

依据我国南海神狐海域水合物藏沉积物的组分及孔隙度等在实验室自配了泥质粉砂多孔介质沉积物，采用多步升温法测定了 2.0%、6.0%、10.0% FA 和存在 3.0% NaCl 时，泥质粉砂沉积物中天然气水合物的相平衡条件，实验温度为 281.45 ~ 290.65K 实验压力为 6.33 ~ 17.39MPa 时，与实际储层条件一致，从而为水合物藏开采及生产过程中二次水合物的预测及防治提供参考数据。

7.3.1 实验方法

具体实验方法包括：①实验前将三种多孔介质置于 373.15K 的烘箱中干燥 24h 以去除水分；②取质量比为 7.5 ∶ 1.5 ∶ 1 的干燥的石英砂、蒙脱土和超细高岭土共 471.67g 作为实验所用泥质粉砂，模拟我国南海神狐海域水合物藏的沉积物，在烧杯中尽可能混合均匀后填充至反应釜中压实，确保每次压实程度相似。选择该比例一方面为了与实际水合物藏沉积物的砂土组成一致，另一方面则是混合后的孔隙度约为 46%，也符合实际水合物藏的孔隙度(33% ~48%)；③在不同的实验中，分别向泥质粉砂中加入一定量的去离子水(53.08mL、79.62mL、106.16mL、132.7mL)、2.0% FA、6.0% FA 或 10.0FA 溶液(不同质量分数 FA 溶液均为 132.7mL)，获得多孔介质中 30%、45%、60%、75% 的初始水饱和或 75% 的溶液饱和度；④密封试验测试后，向反应釜进气加压约 1.0MPa 三次，用于吹扫驱除残余空气；⑤将恒温水浴设置到所需温度(高于相平衡温度)，当系统温度稳定后向反应釜进气加压至所需压力，用于生成水合物。

7.3.2 相平衡测定过程

待一定量的水合物生成结束后，采用多步升温法测定了不同体系中天然气水合物的相平衡数据，因为相比于连续升温法，该方法更适用于多孔介质中等容测量水合物相平衡数据。以泥质粉砂中存在质量分数为 2.0% 的 FA 体系为例，给出了测定天然气水合物相平衡的实验过程，如图 7.5 所示。

当系统压力和温度稳定时(A 点)，水浴温度设定为 276.15K，反应釜压力随温度的降低而降低，与图中降温阶段(A ~ B)相对应。当水合物开始形成时(B 点)，系统压力迅速下降，同时由于水合物生成放热，可能会出现温度上升的拐点。判别依据当有足够的水合物形成之后(B ~ C)，为从 B 点至 C 点时系统压力下降约 2.0MPa，以 2 ~3K/h 的速率快速升高水浴温度至水合物开始生成时对应的温度附近(D 点)。随后进行多步缓慢升温，升温速率为 0.2 ~0.5K，每次升温间隔保持 6 ~12h，以确保系统达到真正的平衡状态(从 D 到 E)，从而得到相应温度下的水合物相平衡压力，即降温曲线与升温曲线的交点(E 点)。最终随着温度的升高，反应釜内的压力和温度恢复到初始状态(A 点)。

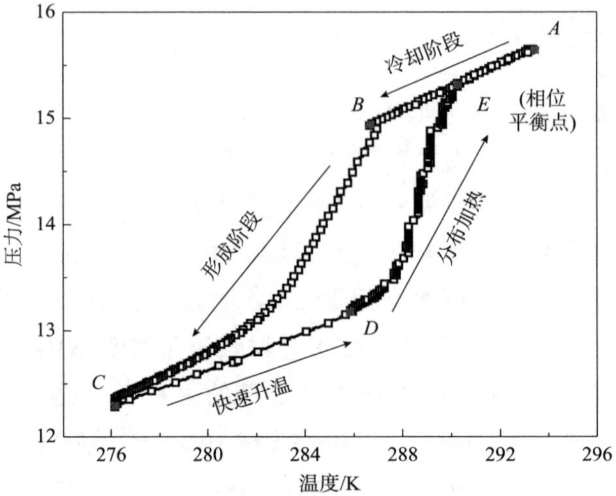

图 7.5　2.0% FA 体系中，天然气水合物相平衡测定的 $P-T$ 曲线

7.3.3　实验结果与讨论

依据上述方法分别测定了泥质粉砂多孔介质中 0FA、2.0% FA、6.0% FA、10.0% FA 及 2.0% FA + 3.0% NaCl、6.0% FA + 3.0% NaCl、10.0% FA + 3.0% NaCl 体系下天然气水合物的相平衡数据，如表 7.3 所示。

表 7.3　泥质粉砂中不同溶液体系下，天然气水合物相平衡测定值

体系	T/K	P/MPa	ΔH_d/(kJ · mol^{-1})	体系	T/K	P/MPa	ΔH_d/(kJ · mol^{-1})
2.0% FA	285.25	8.97	61.44	2.0% FA + 3.0% NaCl	285.85	11.45	64.07
	287.45	11.23			287.85	14.57	
	289.55	14.57			288.75	16.29	
6.0% FA	281.75	6.33	59.39	6.0% FA + 3.0% NaCl	282.75	8.18	61.61
	285.45	9.33			285.45	11.08	
	287.45	11.64			287.65	14.42	
	289.45	14.94			288.95	17.36	
10.0% FA	284.45	8.76	60.33	10.0% FA + 3.0% NaCl	281.45	7.47	60.91
	287.35	11.93			285.05	11.16	
	290.65	17.39			287.35	14.34	
					288.55	17.01	

7.3.3.1　FA 存在时水合物的相平衡

由图 7.6 可以看出，相比于多孔介质中天然气水合物相平衡条件，FA 体系下水合物的向左偏移，且随着 FA 质量分数的增加，偏移量增加。这可能是由于 FA 的短烷基取代基增加了其亲水性(高持水能力)，FA 中的—COO 可以吸引水分子中 H^+，破坏水分子的电荷平衡，影响氢键的稳定性，促进水合物的分解，且高质量分数的 FA 可能会导致水合物结构发生变形，其作用机理与 NaCl 溶液、氨基酸和脂肪酸相类似。另外，多孔介质中不同质量分数 FA 体系下天然气水合物的相平衡压力始终低于 3.0% NaCl 体系的，说明尽管 FA 抑制天然气水合物的形成，但较高质量分数 10.0% 的抑制作用依然弱于 3.0% NaCl 的，这可能与离子类型和电荷密度有关。一方面，与阳离子相比，阴离子对水合物分解有较强的促进作用；另一方面，高电荷、小尺寸的离子对水的结构影响更大。

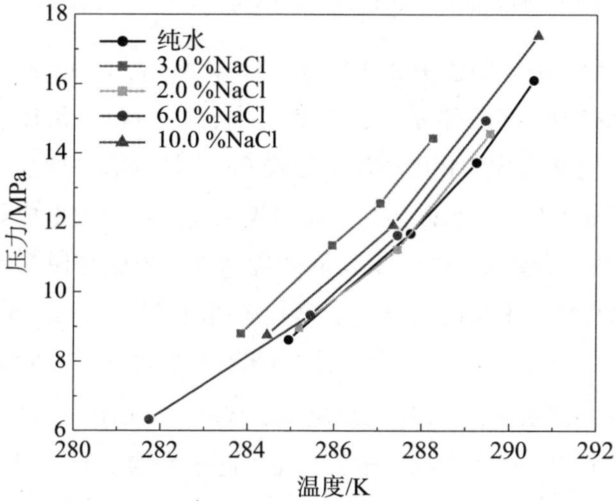

图 7.6　泥质粉砂中不同浓度 FA 体系下，天然气水合物相平衡条件

7.3.3.2　FA 与 NaCl 共存时水合物的相平衡

为了更真实地反映海底沉积物中天然气水合物藏的赋存环境，在泥质粉砂多孔介质中加入 3.0% NaCl 溶液以代替海底沉积物中孔隙水的盐度。从而继续测定了泥质粉砂中不同质量分数的 FA + 3.0% NaCl 溶液体系下，天然气水合物的相平衡条件，如图 7.7 所示。

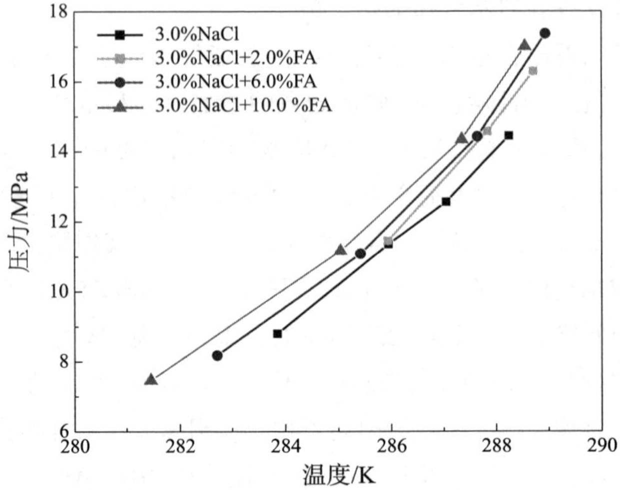

图 7.7　泥质粉砂中不同质量分数的 FA + 3.0% NaCl 体系下，天然气水合物相平衡条件

测定结果显示，泥质粉砂中 2.0% FA + 3.0% NaCl、6.0% FA + 3.0% NaCl 和 10.0% FA + 3.0% NaCl 溶液体系下，天然气水合物的相平衡压力均高于 3.0% NaCl 溶液体系，且水合物的相平衡压力随着 FA 质量分数的增加而增加。这一现象表明，FA 和 NaCl 对泥质粉砂多孔介质中天然气水合物的生成具有协同抑制作用，且随着 FA 质量分数的增加，其协同效应增强。也就是说二者混合后对多孔介质中天然气水合物相平衡的影响大于单一作用时的影响，这与 Bishinoi 等研究的 NaCl + KCl 和 NaCl + $CaCl_2$ 对天然气水合物相平衡条件影响的结果类似。因为在含 FA 和 NaCl 的溶液中，FA 中的短烷基取代基、—COO^- 及 Cl^- 可能会一起破坏水分子的电荷平衡，进而影响氢键，甚至引起水合物结构的变形破坏，从而增加天然气水合物的相平衡压力。

上述实验结果表明，泥质粉砂中存在不同质量分数 FA 及 FA + 3.0% NaCl 时均会相应提高天然气水合物的相平衡压力，抑制水合物生成。通过天然气水合物相平衡的平均降低温度($\overline{T}$)比较了不同体系对水合物生成的抑制作用，其中 $\overline{T}$ 表达式为：

$$\overline{T} = \frac{1}{n}\sum_{i=1}^{n}\Delta T \tag{7.1}$$

式中，n 为测定数据点的数量，个；ΔT 为在相应压力下，泥质粉砂中不同质量分数 FA 或 FA + 3.0% NaCl 溶液体系测得的天然气水合物相平衡温度与纯水体系中测定值之差，K。其中纯水体系中天然气水合物的相平衡温度通过李小森等的逸度模型计算求得。

表7.4列出了泥质粉砂中不同质量分数的FA及FA+3.0% NaCl溶液体系下天然气水合物相平衡的平均降低温度。由表7.4可以看出，不同质量分数FA+3.0% NaCl溶液体系的平均降低温度分别大于相同质量分数下的FA溶液体系，不同体系的平均降低温度排序为：3.0% NaCl+10.0% FA>3.0% NaCl+6.0% FA>3.0% NaCl+2.0% FA>3.0% NaCl>10.0% FA>6.0% FA>2.0% FA。也就是说，随着FA质量分数的增加和3.0% NaCl的加入，对天然气水合物形成的抑制作用增强。因此，在水合物生产过程中，由于海洋沉积物中FA和NaCl的存在，可能会导致二次水合物的形成需要更高的压力或更低的温度。

表7.4 泥质粉砂中不同体系下，天然气水合物相平衡的平均降低温度

编号	体系	FA/%	$\bar{T}$/K
1	FA	0.0	0.26
2	FA	2.0	0.43
3	FA	6.0	0.68
4	FA	10.0	1.17
5	3.0% NaCl	0.0	1.98
6	3.0% NaCl	2.0	2.84
7	3.0% NaCl	6.0	2.99
8	3.0% NaCl	10.0	3.11

此外，天然气水合物相平衡条件也会受到多孔介质中初始含水饱和度的影响，如图7.8所示。据文献报道，多空介质中初始含水饱和度小于30%时，石英砂中与纯水溶液的天然气水合物相平衡温度差(ΔT)为负值，当含水饱和度大于40%时，ΔT接近于0。然而在本实验中，随着泥质粉砂多孔介质中初始含水饱和度从30%增加到75%，其相平衡温度差ΔT由0.64K下降到0.26K，ΔT随初始含水饱和度的变化趋势与石英砂中的相似，造成这种差异主要是由多孔介质的亲水表面和毛细管力引起的，特别是对于毛细力管较强的细粒多孔介质，如本实验中采用的多孔介质。

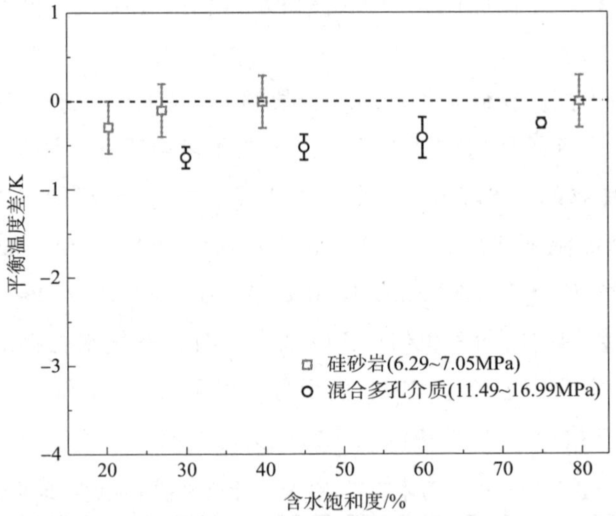

图 7.8　不同初始水饱和度对多孔介质中天然气水合物相平衡温度差的影响

7.3.3.3　FA 及 NaCl 对水合物分解焓的影响

水合物的平均分解焓(ΔH_d)定义为单位摩尔水合物分解为气体和水发生的焓变，其主要取决于水合物结构中气体分子对笼子的占据情况。因此，可以用其评估 FA 及 FA + NaCl 对天然气水合物形成结构的影响，通常可以通过克劳修斯 - 克拉珀龙方程式计算：

$$\frac{d(\ln P)}{d(1/T)} = -\frac{\Delta H_d}{ZR} \tag{7.2}$$

式中，P、T 为测得的水合物相平衡分解压力及温度，MPa、K；Z 为相应相平衡压力和温度下的压缩系数；R 为通用气体常数，J/(mol · K)，取值为 8.314。

在克劳修斯 - 克拉珀龙方程中，水合物的平均分解焓直接取决于 $\ln P$ 对 $1/T$ 的斜率，因此这里作出了二者的变化关系，如图 7.9 所示。由图 7.9 可以看出，泥质粉砂中 FA 与 FA + NaCl 溶液体系的水合物平均分解焓没有显著差异，且两者体系下的平均分解焓与多孔介质中纯水溶液的相比其最大偏差不大于 6.19%(表 7.2 及表 7.3)。该现象表明，在泥质粉砂多孔介质中，FA 和 NaCl 的存在不会改变气体对笼子的占据，也不会影响天然气水合物的结构。相反，在 THF 和 THF + NaCl 溶液体系中，天然气水合物的平均分解焓高于纯水合物体系的，说明前者体系中形成的水合物比后者更稳定。由表 7.2 还可以看出，纯水溶液体系中天然气水合物的平均分解焓为(56.84 ± 0.67) kJ/mol，略小于多孔介质的。这是因为多孔介质中水合物的分解焓会受到含水饱和度、温度、离子类型等的影响。如 Sun 等发现水合物分解焓随温度的升高而降低，且阴离子对分解焓的影响大于阳离子的。对于多孔介质中水合物的分解焓是否受孔隙大小的影响，尚存在争议。此外，水合物的分解焓还会受到客体气体及主体水分子间相互作用的影响。总之，水合物的分解焓会受到多种因素的影响。

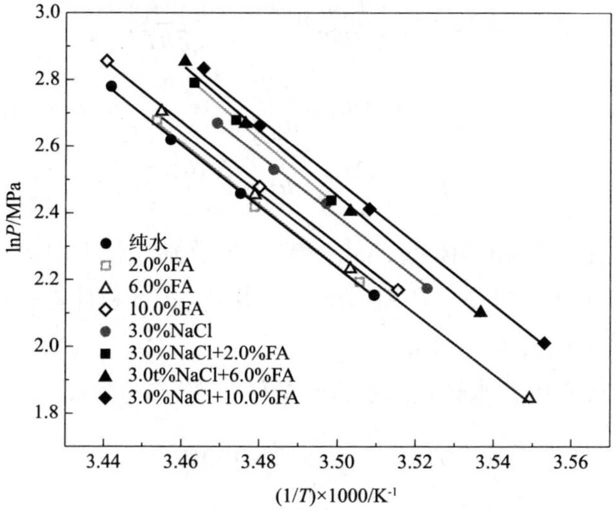

图 7.9　泥质粉砂中不同体系下 ln$P$ 与 1/T 的关系

7.4　泥质粉砂中天然气水合物的生成特征

基于我国南海神狐海域水合物藏的储层条件，其压力范围为 12.7～14.6MPa，温度范围为 8.6～16.2℃。在实验室研究了不同质量分数(2.0%、6.0%、10.0%) FA 及其与 3.0% 的 NaCl 溶液共存对泥质粉砂沉积物中天然气水合物生成特征的影响。

7.4.1　实验方法及数据处理

实验方法及步骤在 7.2.1 部分已详细叙述，这里不再重复。不同的是，密封检测完成后，将温控水浴设置为 20℃(高于目标压力下的相平衡温度)，温度稳定后向反应釜进气至 18.5MPa 左右，待系统压力、温度稳定，调节水浴温度为目标温度(8.0℃)。随着系统温度不断下降，水合物会在降温或定温过程中形成。生成过程中系统的温度、压力通过数据采集系统每1min扫描记录一次。

实验过程中，忽略CH_4在溶液中的溶解。水合物生成过程中的气体消耗量(ΔN_h)及气提量(NG_t)可以通过$P-R$方程及质量守恒定律求得。快速生成及缓慢生成阶段内的气提速率(R_{f1}，R_{f2})表达式分别为：

$$\Delta N_h = V_G\left(\frac{P_{CR}}{ZRT}\right)_{t=0} - V_G\left(\frac{P_{CR}}{ZRT}\right)_t \tag{7.3}$$

$$NG_t = \frac{\Delta N_h}{n_{H_2O}} \tag{7.4}$$

$$R_{f1} = \frac{\Delta NG_t}{\Delta t_1},\ R_{f2} = \frac{\Delta NG_t}{\Delta t_2} \tag{7.5}$$

式中，V_G为反应釜中气相的体积，mL；P_{CR}、T分别为任何时刻t反应釜内的压力温度，MPa、K；Z为气体的压缩因子，可由$P-R$方程计算；R为通用气体常数，J/(mol·K)，取值为8.314。

水合物生成过程中，水转化为水合物的转化率(C_W)为：

$$C_W = \frac{\Delta N_h \times N_H}{n_{H_2O}} \times 100\% \tag{7.6}$$

式中，n_{H_2O}为初始加入反应釜中水的摩尔量，mol；N_H为水合物数，取6.0。

所有实验均在实验室自配的泥质粉砂沉积物中进行。每组实验中的水合物生成过程均会经历进气阶段、稳定阶段、降温阶段和生成阶段。以6.0% FA溶液(E2)体系下，泥质粉质沉积物中天然气水合物生成过程中的$P-T$变化为例，展示了每组水合物生成实验过程中的不同阶段，如图7.10所示。

由图7.10可以看出，初始进气时系统稳定在20℃，且在进气至18.5MPa过程中，反应釜内温度，尤其是气相温度迅速上升，这主要是由于进气过程中增压泵会对气体做功且气体在反应釜中被压缩的缘故。因此，为了保证每次实验初始温压条件(20℃和18.0MPa)的一致性，进气时使其略高于目标压力(18.0MPa)，并在进气完毕后，保持足够的稳定时间(约30min)。随后通过出口阀缓慢释放反应釜中少许气体，调节其压力至18.0MPa。依据7.3部分测得的不同质量浓度的FA及NaCl体系中水合物的相平衡数据，通过指数拟合的方式大致得出了不同体系的相平衡曲线。通过图7.10可知，在进气阶段及稳定阶段，多孔介质沉积物中温度(T_2)对应的相平衡压力始终位于反应釜内压力之上。随后调节水浴温度为8.0℃，降温导致CH_4收缩，从而系统压力逐渐降低。值得注意的是，温度降到

17.5℃之下、10.2℃之上时，对应的水合物相平衡压力低于系统压力，但没有水合物形成，因为水合物生成需足够的驱动力。直到温度降至10.2℃(此时系统压力与相平衡压力之差为8.72MPa，对应图7.10中0时刻)时，水合物开始迅速生成放热，导致系统压力迅速下降，多孔介质中的温度回升。在水合物生成阶段，随着水合物的生成速率不断减小，反应釜内压力下降逐渐减速，同时由于生成过程中系统与水浴环境间的快速热传导作用，反应釜内的温度波动幅度较小。

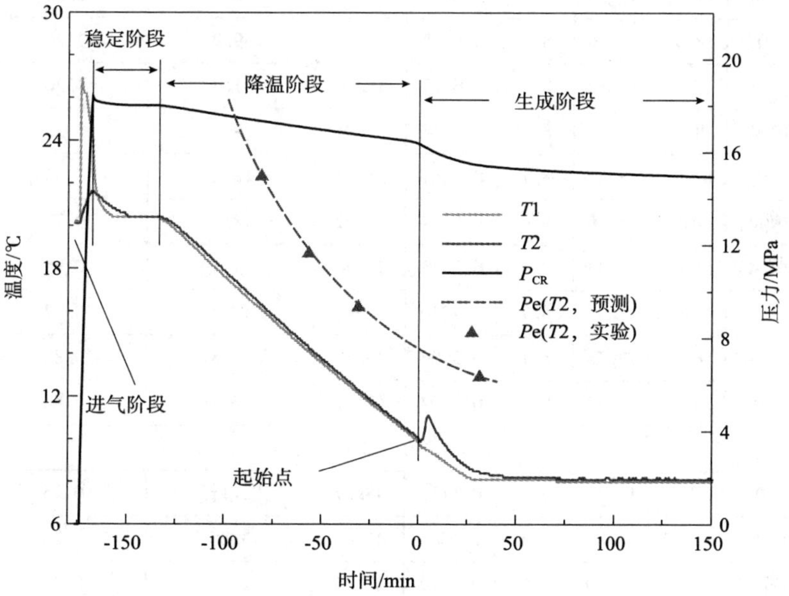

图7.10 水合物生成实验过程中经历的不同阶段(E2)

7.4.2 实验结果与讨论

7.4.2.1 FA存在时水合物的生成特征

所有的实验均在相同的温度(8.0℃)和初始压力(18.0MPa)下进行。泥质粉砂中不同质量分数FA溶液体系下，天然气水合物生成过程中的相关条件及实验结果如表7.5所示。由表7.5可以看出，对于不同的实验体系，由于多孔介质界面效应的存在，水合物在新鲜溶液及二次溶液体系(M)中的生成速率和生成总量基本相同。

表 7.5 天然气水合物生成过程中的相关条件及实验结果

编号	FA/%	$P_{initial}$/MPa	P_{end}/MPa	T/℃	ΔN_h/mol	持续时间/h	R_{f1}/[10^{-5}(mol 天然气/mol 水·min^{-1})]	R_{f2}[10^{-5}(mol 天然气/mol 水·min^{-1})]	C_W/%
不存在 NaCl									
W1	0.0	18.01	13.11	8.0	0.5856	47.78	23.9	1.04	48.45
W2	0.0(M)	17.96	12.91	8.0	0.6152	48.18	23.4	0.93	50.90
W3	0.0(M)	17.98	12.96	8.1	0.6089	51.82	26.1	0.63	50.38
D1	2.0	17.98	12.86	8.1	0.6318	26.02	39.9	1.26	53.24
D2	2.0(M)	18	12.82	8.0	0.6378	31.49	41.2	1.20	54.12
D3	2.0(M)	18.03	12.93	8.2	0.6274	29.81	38.4	1.23	52.76
E1	6.0	17.96	13.23	8.1	0.5561	51.62	18.2	0.94	49.52
E2	6.0(M)	18	13.26	8.0	0.5564	46.02	18.9	0.77	49.55
E3	6.0(M)	18.02	13.38	8.1	0.5373	41.44	17.5	0.95	47.85
F1	10.0	18	13.6	8.2	0.4940	47.18	17.4	0.77	45.55
F2	10.0(M)	18.02	13.58	8.1	0.5006	45.36	15.8	0.82	46.15
F3	10.0(M)	17.99	13.72	8.0	0.4707	42.11	16.4	0.80	43.39
存在 3.0%									
N1	0.0	18	15.76	8.1	0.1111	48.27	3.11	0.25	9.48
N2	0.0(M)	18.01	15.83	8.1	0.1006	41.45	3.85	0.23	8.58
N3	0.0(M)	18	15.99	8.0	0.0919	42.45	2.58	0.36	8.14
K1	2.0	18.01	14.61	8.2	0.3133	65.46	12.4	0.68	27.28
K2	2.0(M)	18	14.5	8.1	0.3314	51.97	12.4	0.56	28.86
K3	2.0(M)	18	14.39	8.0	0.3511	56.72	10.6	0.52	30.57
L1	6.0	18	14.62	8.0	0.3101	60.83	8.65	0.56	28.19
L2	6.0(M)	18.02	14.49	8.1	0.3373	66.77	13.3	0.50	30.67
L3	6.0(M)	17.98	14.57	8.1	0.3160	81.62	10.3	0.67	28.73
M1	10.0	17.96	14.69	8.1	0.2917	72.20	8.42	0.51	27.75
M2	10.0(M)	17.97	14.73	8.2	0.2861	69.29	8.60	0.49	27.21
M3	10.0(M)	18	14.85	8.0	0.2693	58.62	8.28	0.56	25.61

(M)代表水合物开成的“记忆效应”。

由图 7.11 可以看出，水合物生成过程可分为快速生成阶段(阶段 1)和缓慢生成阶段(阶段 2)。不同实验中第一阶段持续约 2～3h，该阶段内系统压力迅速下降，且多孔介质中的温度(T_2)出现明显的水合物生成放热峰，随后在周围环境较强的热传导作用下迅速下降。相应地，气提量也迅速增加，甚至超过最终总气提量的 1/2 以上。值得注意的是，所有体系中水合物的放热峰均出现在降温期间，且随着体系中 FA 质量分数的增加，出现的时间依次推迟。随着系统压力的不断下降，水合物生成减速导致气提速率逐渐降低。特别是在第二阶段，压力下

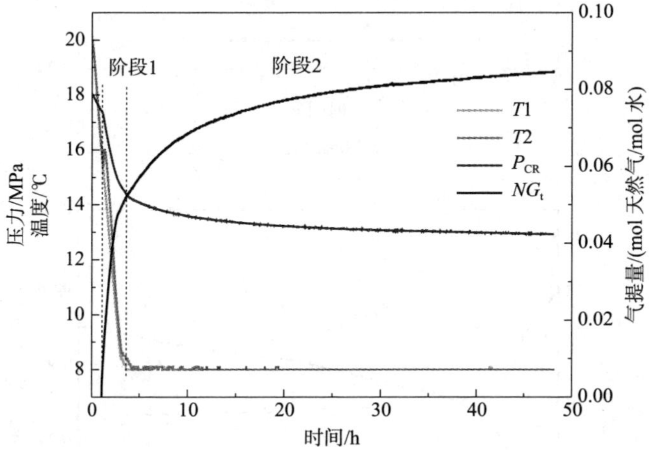

(a)结冰溶液(W2)

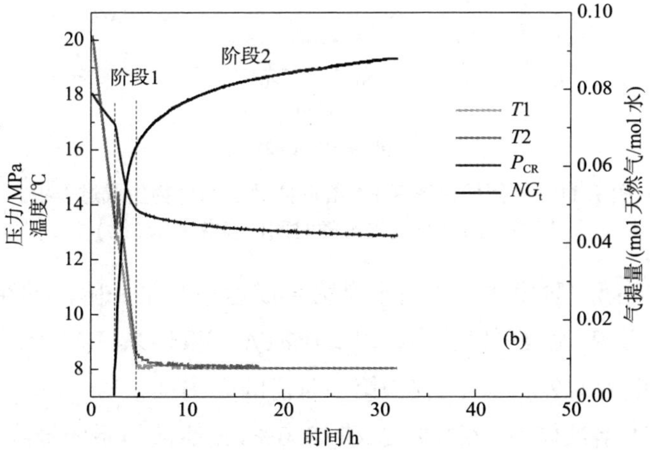

(b)2.0%FA(D2)

图 7.11　不同质量浓度 FA 溶液体系 F 水合物生成过程中，
压力、温度及气提量随时间的变化曲线

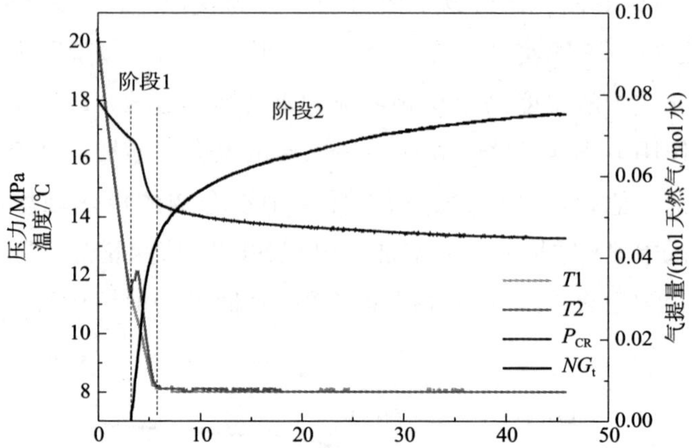

(c)6.0%FA(E2)

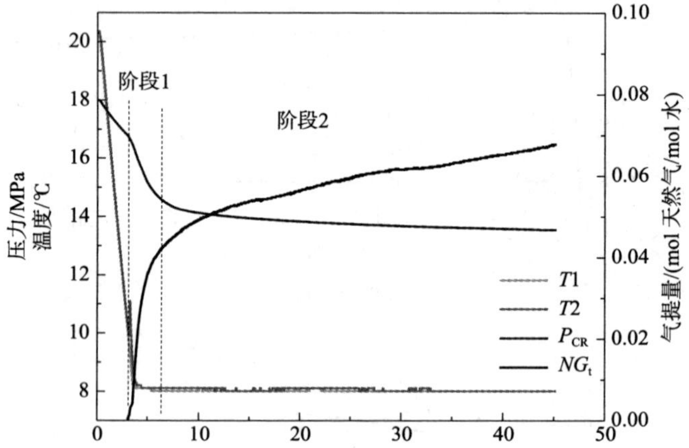

(d)10.0%FA(F2)

图 7.11　不同质量浓度 FA 溶液体系 F 水合物生成过程中，压力、温度及气提量随时间的变化曲线(续)

降速率明显小于第一阶段的，说明水合物生成速率与第一阶段的相比明显降低。从表7.5 中 R_{f1} 及 R_{f2} 值也可以看出，以2.0% FA 溶液体系(D2)为例，其第二阶段的平均气提速率为 1.2×10^{-5}，仅为第一阶段的 2.91%。

除 2.0% FA 溶液体系，6.0% FA 和 10.0% FA 溶液体系的最终压力分别下降至 13.26MPa 及 13.58MPa，均大于纯水溶液体系的 12.91MPa，其气提速率及最终的气提量也相应下降，尤其是 10.0% FA 的。这种现象说明高质量分数的 FA

可能会抑制天然气水合物的生成，可能是由于溶液中大量 FA 的存在会吸引水分子降低其活性，影响氢键的形成，进而抑制水合物的生成。其结果与 7.3.3 中测定的相平衡数据一致。然而对于低质量分数(2.0%)FA 溶液体系，其系统压力最终降至 12.82MPa，小于纯水体系的，且气提量为 0.6378mol，高于纯水体系的，水合物生成的持续时间也比水溶液体系的缩短了约 2/5，该结果与文献中有机质对水合物生成的影响类似。造成这种现象可能是因为低质量分数的 FA 吸附在多孔介质上，会加强局部水的结构促进水分子间氢键的形成，进而强化多孔介质附近水合物成核，促进水合物的生成，其相平衡数据与纯水溶液体系较接近。

7.4.2.2 FA 与 NaCl 共存时水合物的生成特征

为了与沉积物中孔隙水的盐度(2.90% ~3.15%)相符，所有实验均是在含质量分数为 3.0% 的 NaCl 溶液的泥质粉砂沉积物中进行的。由表 7.5 可以看出，由于溶液中 NaCl 的存在，所有体系中水合物的生成速率均低于 7.3.2 小节中无 NaCl 存在时体系的。

由图 7.12 可以看出，由于溶液中存在 3.0% NaCl，系统压降明显小于图 7.11 中无 3.0% NaCl 存在体系的，相应地，气提量也大大减小，水合物生成持续时间显著增加，主要是由于 NaCl 对天然气水合物的生成具有明显的抑制效果。

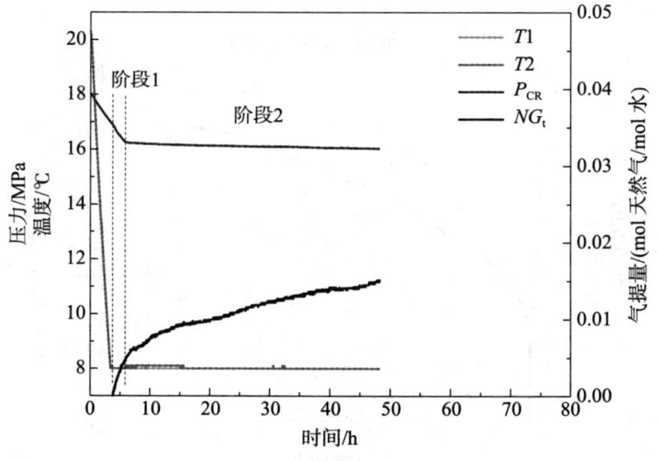

(a)3.0%NaCl

图 7.12 不同质量分数 FA +3.0% NaCl 溶液体系水合物生成过程中，P、T 及 NGt 的变化曲线

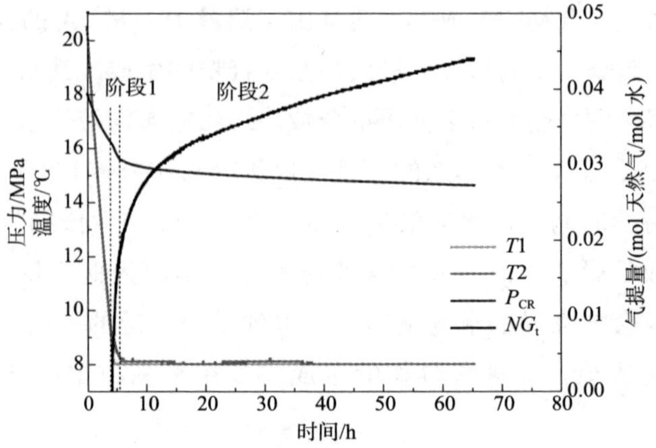

(b)2.0%FA+3.0%NaCl

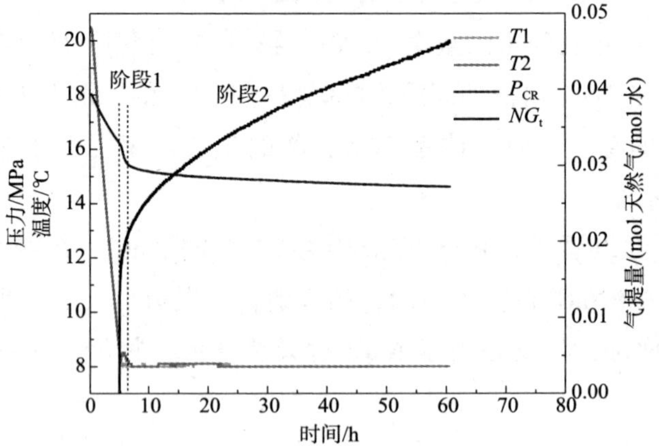

(c)6.0%FA+3.0%NaCl

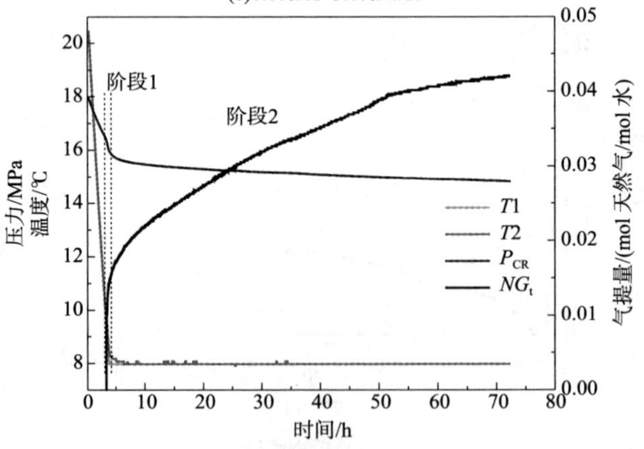

(d)10.0%FA+3.0%NaCl

图 7.12　不同质量分数 FA + 3.0% NaCl 溶液体系水合物生成过程中，P、T 及 NGt 的变化曲线(续)

与无 3.0% NaCl 溶液体系类似，所有体系的水合物生成均包含快速及缓慢生成阶段。然而对于所有 FA 与 NaCl 共存体系，其水合物生成过程总的气体量比 3.0% NaCl 单独存在时约提高了 2 倍，且气提速率明显增大，尽管 FA 质量分数增加至 10.0%，其水合物生成过程中的平均气提速率分别为 8.42 及 0.51，也明显大于 3.0% NaCl 单独存在体系时的(3.11 和 0.25)，这种现象说明 3.0% NaCl 溶液体系中，FA 的存在可能会减弱其对水合物生成的抑制作用，且随着 FA 质量分数的增加，抑制作用减弱。另外，相比于无 3.0% NaCl 溶液体系，3.0% NaCl 溶液体系的水合物生成放热峰也难以观察，且出现时间明显推迟，基本接近于定温期间。这一现象的可能解释是，当 FA 与 NaCl 在溶液中共存时，多孔介质表面附近的 Na^+ 与 FA 中的—COO^- 互相吸引并吸引在 FA 表面，一方面促进了水合物的成核；另一方面阻碍了—COO^- 对氢键的影响，从而水合物生成量增加。然而该结果却与之前测定的该体系下水合物相平衡数据相悖，这可能是由于水合物生成会受到多孔介质复杂的表面结构、不同离子类型和电荷密度等多种因素的影响。为了更清楚地比较 FA 和 NaCl 对天然气水合物初始生成时的影响，给出了不同体系中水合物生成时的初始驱动压力(ΔP)，如图 7.13 所示。图 7.13 中上下两条水平实线分别对应水合物初始生成时刻反应釜内压力和水合物此时的相平衡压力，竖直虚线分别与水合物生成时刻多孔介质内的温度相对应。从图 7.13 可以看出，对于无 3.0% NaCl 溶液体系，纯水的初始驱动压力最小，仅为

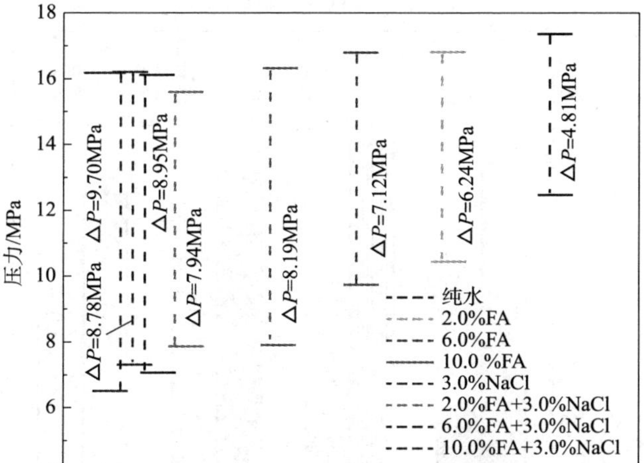

图 7.13　不同体系中水合物生成时刻的初始驱动力

4.81MPa，且此时系统温度最高，意味着与其他体系相比，其水合物更易生成。随着FA质量分数的增加，水合物生成的初始驱动压力增大，温度逐渐降低。当存在3.0% NaCl时，除2.0% FA，其余体系的驱动压力均比无3.0% NaCl溶液相同质量分数FA体系中进一步增加，且其水合物初始生成时均集中在较低温度区域(低于9.0℃)。

由图7.14(a)可以看出，3.0% NaCl溶液体系的气提量均低于无3.0% NaCl溶液体系的，且气提量的差异与FA质量分数有关。由图7.14(b)可以看出，无

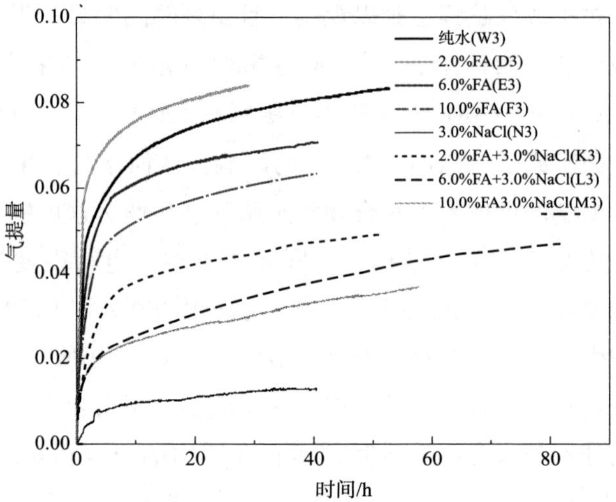

(a)气提量变化

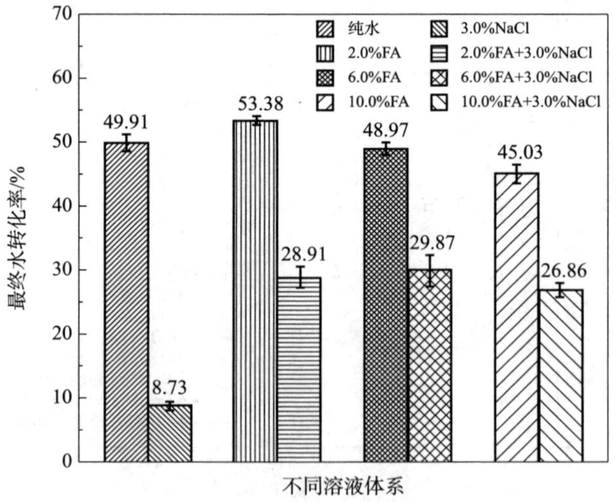

(b)最终水转化率

图7.14　不同体系中水合物生成过程中的气提量变化及最终水转化率

3.0% NaCl 溶液体系的水转化率明显高于 3.0% NaCl 溶液体系，其水转化率会相应增加，约为后者的2/3。溶液中无 NaCl 存在时，相比于纯水体系的，较高质量分数(6.0% 和 10.0%)FA 体系中的水转化率略有下降，而低质量分数(2.0%)FA 则相反。相同质量分数 FA 溶液中，添加 3.0% NaCl 的会显著降低其气提量，且 3.0% NaCl 单独存在时，其最终的气提量为所有体系中最低，仅为 0.0154mol，约为纯水溶液体系的 1/5，相应地，其水转化率也仅为后者的 1/6 左右。

7.4.2.3 水合物生成过程中 FA 与 NaCl 的作用机理

有机质是海洋环境中动植物的各种分泌物及遗体残骸组成的一种高分子聚合物，往往包含羧基、酚基和酮基等活性官能团，其成分主要为富里酸、腐殖酸、胡敏素和碳水化合物。其中，FA 是一种芳香羟基羧酸，具有以自聚集形式构成超分子的倾向。图 7.15 简要绘出了 FA 及 NaCl 存在时多孔介质沉积物中天然气水合物的形成机理。纯水体系中，水分子间通过氢键相互连接建立笼子，在合适的条件下气体分子与其结合形成水合物，而当 NaCl 存在时，NaCl 溶液中的 Cl^- 由于静电作用吸引水分子中的 H^+，影响水分子间的氢键[图 7.15(a)]。此外，水合物生成过程中的盐析效应也会导致 CH_4 在水合物中的溶解大于溶液中的，从而抑制水合物的形成。

由图 7.15(b)可以看出，多孔介质沉积物中含较低质量分数 FA 溶液时，FA 分子会自聚集形成超分子，并与水分子联系缔合，使周围的水分子有序排列，诱导促进水分子间氢键的形成，从而与附近相邻的气体分子结合生成水合物，而且 FA 吸附在多孔介质表面后会强化水合物的成核。而对于高质量分数的 FA 溶液体系，FA 本身具有较高的持水能力，会固定周围的分子在其表面附近，甚至形成

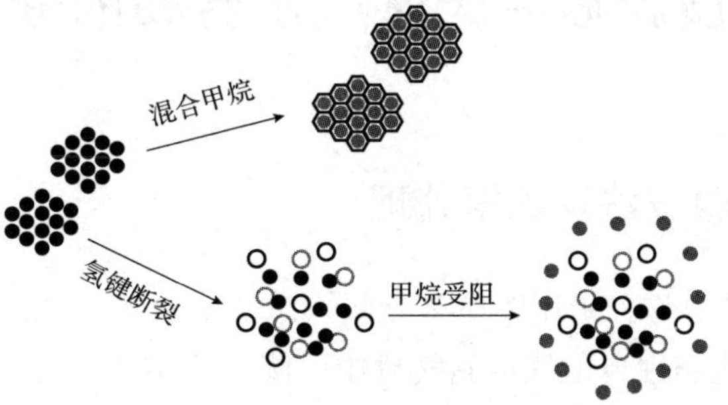

(a)FA溶液

图 7.15 水合物生成过程中，FA 及 NaCl 的作用机理

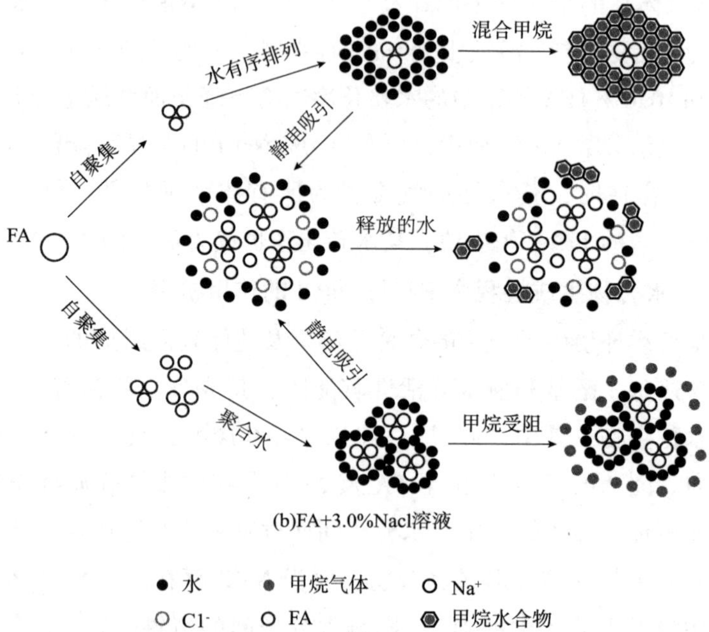

图 7.15　水合物生成过程中，FA 及 NaCl 的作用机理(续)

水分子团，阻碍水分子的移动，使其活性显著降低，从而抑制水合物的生成。当溶液中 FA 与 NaCl 共存时，NaCl 电解出的 Na^+ 可能会被 FA 中的化学键 COO^- 吸引至 FA 表面，一方面促进了水合物的成核；另一方面原来水分子的位置被 Na^+ 占据，水被释放出来与 CH_4 形成水合物。

7.5　泥质粉砂中天然气水合物的分解特征

7.5.1　实验方法及数据处理

水合物生成结束后，采用降压法分解天然气水合物。首先打开连接阀 V3 和 V5，缓慢释放反应釜中自由气至储气罐中，降低反应釜内压力至 4.5MPa；随后关闭阀门 V5，打开 V4，通过 PID 气动阀控制反应釜压力，使水合物维持在 4.5MPa 下定压分解，分解过程中释放的气体同样由储气罐收集。当储气罐压力不再增加时，认为反应釜中水合物分解结束。在此期间系统的压力、温度通过数据采集系统每 20s 扫描记录一次。

水合物降压分解过程中，释放出自由气体的量(ΔH_f)和水合物分解气的摩尔量(ΔH_d)表达式分别为：

$$\Delta H_f = V_G\left(\frac{P_{CR}}{ZRT_1}\right)_{t=0} - V_G\left(\frac{P_{CR}}{ZRT_1}\right)_t \tag{7.7}$$

$$\Delta H_d = \frac{P_{SR}V_{SR}}{ZRT} - \Delta H_f \tag{7.8}$$

式中，P_{SR}为任意 t 时刻储气罐内的压力，MPa；V_{SR}为储气罐的容积，mL；T_1 为水合物分解过程中任何时间 t 时反应釜内气相的温度，K。

水合物的平均分解速率(R_d)表达式为：

$$R_d = \left(\frac{\Delta H_d}{t}\right)_{t=t_{90\%}} \tag{7.9}$$

式中，$t_{90\%}$ 指的是 90% 水合物分解气被回收时对应的时间，min。

此外，气体回收率 Φ 往往是评估油气田开采水平的一个重要指标。将其定义为水合物分解过程中的分解气 ΔH_d与生成过程中气体的消耗量(ΔN_h)之比：

$$\Phi = \frac{\Delta H_d}{\Delta N_h} \times 100\% \tag{7.10}$$

以泥质粉砂中纯水体系(W3)天然气水合物分解时系统的压力、温度变化为例，分析水合物的分解实验过程，如图 7.16 所示。

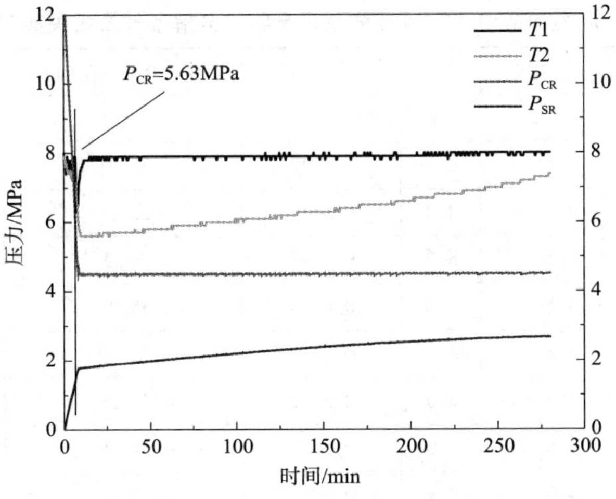

图 7.16　泥质粉砂中纯水体系水合物分解时，系统的温度压力变化(W3)

由图7.16可以看出，初始降压过程中，反应釜内气相和多孔介质中的温度降至8℃以下，出现较小的波动，这主要是由于“焦耳-汤普森”效应和沉积物与外部水浴间的缓慢热传导作用。当反应釜内压力降至5.63MPa左右时，气相和多孔介质中的温度迅速下降，尤其是多孔介质中，这表明相平衡条件被打破，水合物开始分解吸热。实验中不同体系天然气水合物的相平衡分解压力与依据相平衡数据预估的数据基本相符。即2.0% FA、6.0% FA和10.0% FA溶液体系中水合物相平衡压力预估值分别为5.78MPa、5.73MPa和6.49MPa，当存在3.0% NaCl时，0、2.0% FA、6.0% FA和10.0% FA体系中的预测值分别为6.53MPa、6.82MPa、7.01MPa和7.39MPa。随后，T_1迅速反弹到8℃，随着水合物的消耗殆尽，T_2也逐渐接近水浴温度。由于实验过程中反应釜释放的气体均由储气罐收集，降压期间由于反应釜中的自由气释放至储气罐，导致压力急剧上升，降至定压(4.5MPa)后，随着水合物分解的减速，储气罐压力增加速率也逐渐减小。

7.5.2 实验结果与讨论

7.5.2.1 不同体系中温度及压力变化

由表7.6可以看出，每组实验中水合物回收率均在90%以上，却不能达到100%，这种现象主要是由于部分气体会溶解在液体中或吸附在多孔介质中造成的。

表7.6 泥质粉砂中不同溶液体系水合物的分解条件及相关实验结果

编号	FA/%	P_{dis}/MPa	T/℃	ΔH_d/mol	R_d/10^{-4}mol/min	$t_{90\%}$/min	Φ/%
无NaCl溶液存在							
W1	0.0	4.5	8.1	0.5779	21.21	244.67	98.70
W2	0.0	4.5	8.2	0.5611	23.15	217.67	91.22
W3	0.0	4.5	8.2	0.5648	25.3	200.33	92.76
D1	2.0	4.5	8.0	0.6133	35.24	156.33	97.76
D2	2.0	4.5	8.1	0.6082	32.49	168.33	95.36
D3	2.0	4.5	8.0	0.5627	35.39	142.67	90.50
E1	6.0	4.5	8.0	0.5142	34.39	134.33	92.48
E2	6.0	4.5	8.1	0.5098	37.43	122.33	91.63
E3	6.0	4.5	8.1	0.4901	37.37	118.00	91.23

续表

编号	FA/%	P_{dis}/MPa	T/℃	ΔH_d/mol	$R_d/10^{-4}$mol/min	$t_{90\%}$/min	Φ/%
无 NaCl 溶液存在							
F1	10.0	4.5	8.0	0.4834	40.43	107.33	97.86
F2	10.0	4.5	8.2	0.4930	45.51	97.33	98.50
F3	10.0	4.5	8.1	0.4257	37.57	101.67	90.45
有 3.0% NaCl 溶液存在							
N1	0.0	4.5	8.0	0.1077	37.39	25.67	96.99
N2	0.0	4.5	8.2	0.0945	41.12	20.67	94.02
N3	0.0	4.5	8.1	0.0884	41.57	19.00	96.23
K1	2.0	4.5	8.1	0.2896	42.85	60.67	92.45
K2	2.0	4.5	8.1	0.3029	43.17	63.00	91.42
K3	2.0	4.5	8.1	0.3393	44.20	69.00	96.65
L1	6.0	4.5	8.0	0.3310	46.33	63.67	92.12
L2	6.0	4.5	8.0	0.3032	45.28	60.33	97.80
L3	6.0	4.5	8.2	0.2943	43.87	61.33	93.16
M1	10.0	4.5	8.0	0.2818	53.82	47.00	96.61
M2	10.0	4.5	8.1	0.2626	56.63	41.67	91.81
M3	10.0	4.5	8.1	0.2508	56.71	39.67	93.15

由图7.17可以看出，纯水体系中反应釜压力降至4.5MPa时，多孔介质中温度下降至最低值(5.59℃)，与此时的水合物相平衡温度(5.63℃)接近，这是由于在水合物分解过程中，水合物藏内的温度和压力轨迹基本沿 $P-T$ 曲线变化，同样对于其他体系，其最低值也应在相应的相平衡温度附近。通过图7.17(a)可以看出，无3.0% NaCl存在时的FA溶液体系，该最低值均随着FA质量分数的增加而降低，说明FA存在时水合物的相平衡温度低于纯水体系，尤其是高质量分数的FA还可以看出，纯水体系多孔介质中的温度回升最慢，且随着FA质量分数的增加，回温速率依次增加，这种现象说明FA的存在会促进水合物的分解。同样通过图7.17(b)可以看出，溶液中存在3.0% NaCl时，不同质量分数FA体系温度变化且有类似的规律，这与前文测定的水合物相平衡规律相符。同时，系统温度的变化与多孔介质中水合物的分布及水合物的分解速率也密切相关，这也是不同体系水合物分解持续时间存在差异较大的原因。

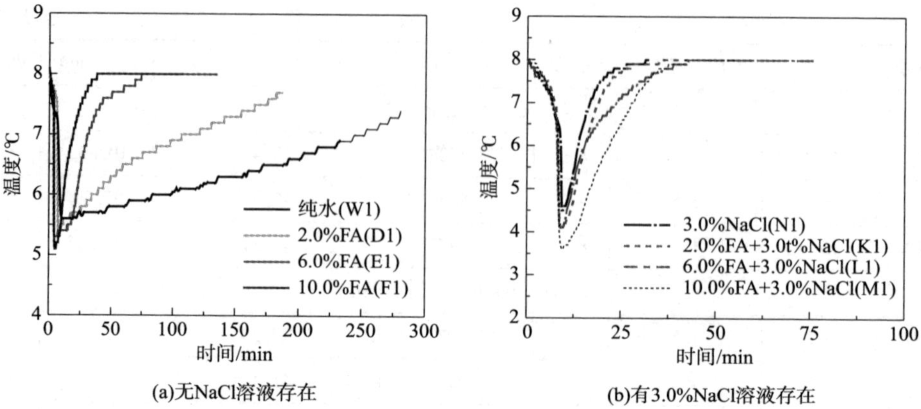

图 7.17　水合物分解时多孔介质温度随时间的变化

由于水合物降压分解过程中，反应釜中释放的气体是通过储气罐收集。由图 7.18 可以看出，每组实验结束时，储气罐内的压力基本一致，均接近 2.66MPa，这说明在不同的实验体系中，反应釜内初始的进气量是统一的。此外，定压分解初期，3.0% NaCl 溶液体系的储气罐压力均明显大于无 3.0% NaCl 溶液体系的，也就是说相比于后者体系，前者体系在降压过程中释放了更多的自由气，这也相对反映了不同体系水合物生成量的差异。

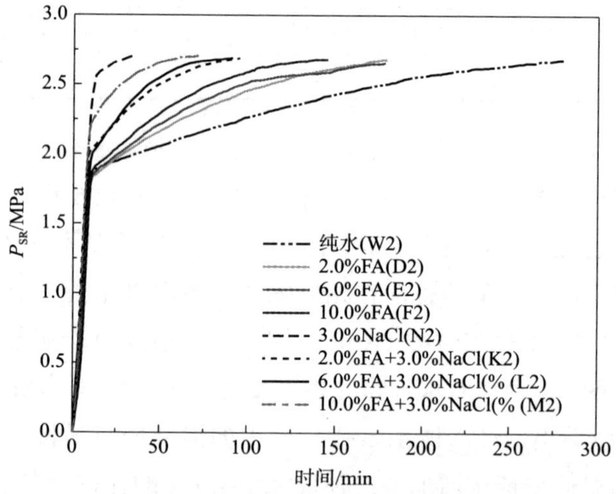

图 7.18　不同体系水合物分解过程中，储气罐内压力随时间的变化曲线

7.5.2.2　不同体系中水合物分解速率的比较

图 7.19 为泥质粉砂中不同溶液体系水合物分解气量随时间的变化曲线，图 7.20 则比较了不同体系中水合物的平均分解速率(R_d)。

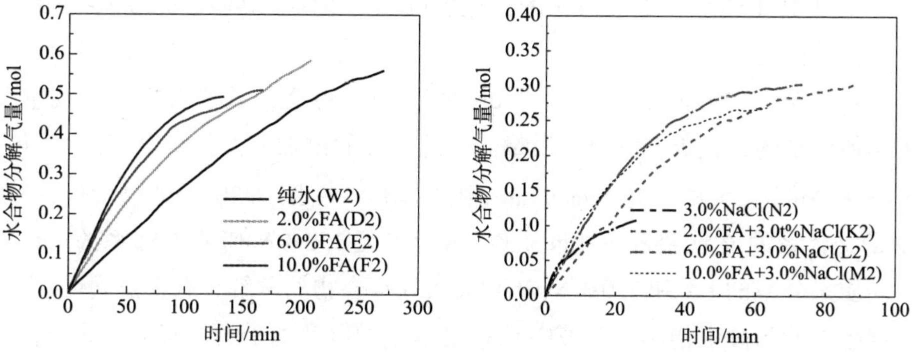

(a)无NaCl溶液存在　　(b)有3.0%NaCl溶液存在

图 7.19　不同体系水合物分解气随时间的变化曲线

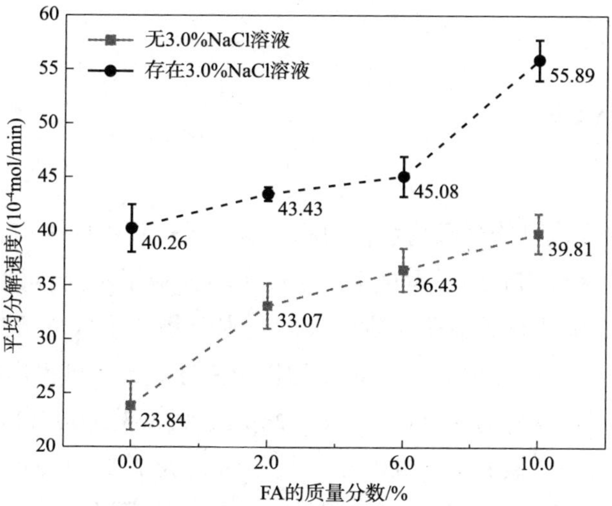

图 7.20　不同体系水合物平均分解速率的比较

由图 7.19 可以看出，在无 3.0% NaCl 存在时的溶液体系，2.0% FA 体系的水合物分解气量最多，而 6.0% FA 及 10.0% FA 中，水合物的分解气量少于纯水体系的，这与水合物的生成量一致。与图 7.20 对应的是，纯水体系的 R_d 为 23.84×10^{-4}mol/min，远小于 FA 溶液体系的，且分解持续时间较后者的长，同时分解速率随着 FA 质量分数的增加而增大。这说明了 FA 对天然气水合物的分解有显著的促进作用，特别是高质量分数的 FA。尽管水合物分解过程中由于相平衡的差异会导致不同体系的分解驱动压力稍有差异，但通过 7.3.3 部分得知纯水、2.0% FA 和 6.0% FA 三者体系中水合物的相平衡分解压力相近，而 6.0% FA

的 R_d 却显著高于纯水及 2.0% FA 的，这也进一步肯定了高质量分数 FA 对水合物分解的促进作用。

而对于 3.0% NaCl 溶液体系，3.0% NaCl 单独存在时其水合物分解气量明显低于其他体系的，且 R_d 随着 FA 质量分数的增加而增加，尤其是 10.0% FA 体系，其分解速率可达 55.89×10^{-4} mol/min（图 7.20）。由图 7.20 还可以看出，3.0% NaCl 溶液体系的 R_d 明显高于相同质量分数 FA 无 3.0% NaCl 存在体系的，也就是说不同质量分数的 FA 和 3.0% NaCl 对天然气水合物的分解具有正协同促进效应，这一现象可能与静电作用、溶液中 CH_4 溶解差异以及离子类型有关。此外，水合物分解气量的增长随着时间的增加不断减速，这主要是由于分解过程中水合物释放的水更多地聚集在水合物表面，阻碍气体从水合物中逸出，从而降低水合物分解的原因。

7.6 小结

二次水合物生成可能会影响水合物藏降压开采过程中的生产特征。本章以我国南海神狐海域水合物藏储层为对象，通过实验模拟了不同质量分数的 FA 及其与 NaCl 共存时，泥质粉砂多孔介质中天然气水合物的生成分解过程，分析了多孔介质中水合物生成过程中 FA 及 NaCl 的作用机理。主要可得出以下结论。

(1) 采用粒径分别为 1.202 ~ 120.226μm、0.363 ~ 36.308μm 和 0.331 ~ 27.542μm 的石英砂、蒙脱土和高岭土，按质量比为 7.5 : 1.5 : 1 混合，制备南海神狐海域水合物藏泥质粉砂模拟沉积物；所制备的模拟沉积物与深海沉积物具有较好的相似性。

(2) 泥质粉砂多孔介质中天然气水合物的相平衡曲线比纯溶液体系的相平衡曲线向左偏移，主要是由于多孔介质的亲水表面及毛细管力的作用，同时 3.0% NaCl 溶液的存在会显著增大甲烷水合物的相平衡压力。

(3) 泥质粉砂中 FA 的存在会增大甲烷水合物的相平衡压力，随着 FA 质量分数的增加而增加。当 FA 与 3.0% NaCl 共存时，天然气水合物的相平衡曲线相对于 3.0% NaCl 的曲线向左偏移，且随着 FA 质量分数的增加，具有与无 3.0% NaCl 溶液体系类似的规律。此外，随着泥质粉砂多孔介质中初始含水饱和度从 30% 增至 75%，水合物相平衡压力逐渐减小，但始终大于纯水体系的。泥质粉砂多孔介质中 FA 和 NaCl 的存在不会影响天然气水合物的结构。

(4)泥质粉砂多孔介质中水的“记忆效应”对水合物生成影响甚微，主要是由于多孔介质界面效应的存在。泥质粉砂中较高质量分数(6.0% FA 和 10.0% FA)的存在会抑制天然气水合物的生成，但抑制效果弱于 3.0% NaCl，较低质量分数(2.0%)FA 则又相对促进水合物的生成，导致水合物的生成持续时间缩短。3.0% NaCl 抑制天然气水合物生成的作用会由于 FA 的存在而削弱，但随 FA 质量分数的增加，这种削弱效果也逐渐降低，这可能是由于多孔介质复杂的表面结构、不同离子类型和电荷密度等多种因素叠加造成的，同时也与 FA 会吸附于多孔介质表面及 FA 自身的高持水性能有关。

(5)水合物分解过程中，水合物藏内的温度和压力轨迹基本沿 $P-T$ 曲线变化，通过不同体系中水合物降压分解过程中温度变化规律可看出，其与测定的水合物相平衡数据大致相符。泥质粉砂中 FA 的存在会促进天然气水合物的分解，且与其质量分数有关，FA 和 3.0% NaCl 共存时对水合物的分解具有协同促进效应，且随着 FA 质量分数的增加，这种效应逐渐增强。因此，在天然气水合物藏生产过程中，海洋沉积物中 FA 和 NaCl 的存在会促进水合物的分解，抑制二次水合物的生成，这将对实际水合物藏的降压开采有利。

8 结论与建议

8.1 主要研究结论

笔者针对我国南海神狐海域天然气水合物成藏特征，利用自行研制的天然气水合物三维开采模拟实验装置等，采用实验与数值模拟方法，深入开展了南海水合物降压开采特征及工艺优化模拟研究。重点研究了不同降压模式、降压速率下，天然气水合物藏的开采特征及不同饱和度水合物藏的生产规律；利用TOUGH + HYDRATE 模拟了南海神狐海域 W17 站位多层水合物藏的直井降压开采特征，探究了游离气及垂直井网中不同井间距对水合物藏生产特征的影响，初步确定了较为合适的井间距；实验研究了泥质粉砂中有机质对盐水体系二次水合物生成分解特征的影响。主要获得了以下结论。

(1)单级和多级降压开采水合物藏实验模拟结果表明，降压开采初期，由于气液流动扰动，会有水合物继续生成、放热现象；降压开采期间，水合物藏压力、温度变化轨迹大致与水合物相平衡 $P-T$ 曲线一致，水合物分解产气会导致井口产水速率相对下降；由于最终降压幅度相同，单级与多级降压最终累积产气量基本一致，降压期间短暂的闭井操作可以适当降低产水量；生产过程中多级降压的产气量分布较为均匀，产气速率相对稳定；单级降压水合物分解显热消耗约为多级降压时的 3 倍，多级降压水合物藏温度始终相对较高；多级降压会延长生产周期，几乎是单级降压的 1.6 倍；多级降压时，随着生产压力的增加，水合物分解速率及对沉积层显热的消耗均降低。

(2)不同降压速率开采水合物藏实验模拟结果表明，降压期间，井口最高瞬时产气产水速率随降压速率的减小而下降，降压速率为 0.199MPa/min 时，其产气速率及产水速率可分别降至降压速率为 0.751MPa/min 时的 3/5 及 2/3；较小的降压速率可导致降压期间更多的水合物分解，分解量可提高接近2倍，在此期间累积产气量相应增加；水合物藏温度下降速率随着降压速率降低而逐渐降低，由于降压分解期间水合物藏压力温度变化轨迹与相平衡 $P-T$ 曲线接近；从水合物藏温度变化可推断，降压速率较低时，可导致降压初期水合物生成量相对较多。

(3)水饱和与气饱和水合物藏降压开采实验模拟结果表明，水饱和水合物藏更有助于降压快速实现，但其产气周期明显较气饱和水合物藏的长；气饱和水合物藏在降压初期水合物生成量相对较多；降压期间水饱和水合物藏井口产水量、气饱和水合物藏井口产气量均骤降；水饱和水合物藏降压期间水合物分解速率较高，会消耗相对较多的显热，定压期间其水合物分解速率反而低于气饱和水合物藏的；水饱和水合物藏降压期间水合物的分解效率较气饱和水合物藏的高，可以在较短时间内分解相对较多的水合物；生产结束时，相比于气饱和水合物藏，水饱和度水合物藏的气体回收率较低，但水回收率却较高。

(4)南海神狐海域W17站位水合物藏降压开采数值模拟结果表明，井口产出气较多来自海水中的溶解 CH_4 及初始储层游离气，且水合物分解气在井口产气中的比例随着开采的进行不断降低；开采过程中水合物层Ⅰ分解前沿的下后方会有大量二次水合物生成；开采初期，下伏游离气会促进水合物藏的分解，中后期则会阻碍水含物藏的分解，开采至10年时有下伏游离气存在的水合物藏分解率低于无下伏游离气水合物藏；下伏游离气的存在会导致井口产水率相对下降，可降低约11%，且整个生产期间，气液比始终大于无下伏游离气水合物藏的；双直井联合降压开采时，井间会存在压降的叠加；相比于单井开采时，双井联合时的井间干扰作用可降低平均单井产水率及井口产气速率，5年可累积降低产水量约 3.96×10^{8}kg；井间交汇区域的压降及温降会随井间距的增加而减小；结合水合物分解率及井口产出气液比可初步确定，双直井联合降压开采时40m的井间距较为合适。

(5)泥质粉砂中FA及NaCl对二次天然气水合物生成分解特征影响的实验结果表明，相平衡测定实验中，由于多孔介质的亲水表面及毛细管力效应，使泥质粉砂多孔介质中甲烷水合物的相平衡曲线较纯溶液体系的向左偏移。同时当FA与NaCl溶液共存时，水合物相平衡曲线相对于3.0% NaCl的向左偏移，且随FA质量分数的增加而偏移增加；初始水饱和度从30%增至75%时，水合物相平衡压力与纯水体系的偏差逐渐缩小；泥质粉砂中FA和NaCl的存在不会影响天然气水合物的结构；生成分解实验中，水合物生成速率及生成量显示较高质量分数(6.0%和10.0%)FA的存在会抑制泥质粉砂中天然气水合物的生成，但其抑制效果较3.0% NaCl弱，低质量分数(2.0%)FA会略微缩短水合物的生成时间，促进水合物的生成；FA的存在会削弱3.0% NaCl对泥质粉砂中水合物生成的抑制作用，且会随着FA质量分数的增加而增强；FA和3.0% NaCl共存时对多孔介质中水合物的分解具有协同促进效应，且这种效应随着FA质量分数的增加逐渐增强。

8.2 未来研究的建议

目前国内外对天然气水合物开采的研究已经取得了较大进展，尤其是数次野外水合物藏试采的成功实施，但距未来水合物藏的商业化开采还任重道远。虽然，在海洋天然气水合物降压开采特征及开采工艺优化等方面取得了一定的研究成果，但由于实验条件及时间等的限制，研究工作尚可从以下几个方面进一步完善。

(1)目前实验室水合物藏的规模较小，难以全面反映生产过程中水合物藏内气液的流动特征，建议扩大实验规模，进行大尺度水合物藏开采模拟实验。

(2)水合物藏降压开采时，往往会由于沉积层内气液固三相流体的运移导致大量产砂，建议在实验室开展水合物藏降压开采过程中产砂特征相关研究。

(3)实际海底水合物沉积层中有机质组分较为复杂，往往会同时包含富里酸、腐殖酸、胡敏素和碳水化合物等，建议在今后的实验中开展混合的多组分有机质对水合物生成分解影响的研究。

参考文献

[1]Sloan ED. Clathrate Hydrates of Natural Gases[M]. 2nd ed. New York: Marcel Dekker, 1998.

[2]Collett TS, Boswell R, Cochran JR, et al. Geologic implications of gas hydrates in the offshore of India: results of the NGHP expedition[J]. Marine & Petroleum Geology, 2014, 58: 3-28.

[3]Collett TS. Energy resource potential of natural gas hydrates[J]. American Association of Petroleum Geologists Bulletin, 2002, 86: 1971-1992.

[4]Kerr RA. Gas hydrate resource: smaller but sooner[J]. Science, 2004, 303: 946-947.

[5]Hunter RB, Collett TS, Boswel R, et al. Mount Elbert gas hydrate stratigraphic test well, Alaska north slope: overview of scientific and technical program[J]. Marine Petroleum Geology, 2011, 28: 295-310.

[6]Collett T, Bahk J J, Frye M, et al. Historical methane hydrate project review[R]. Washington D C: Department of Energy, USA, 2013.

[7]Kurihara M, Sato A, Funatsu K, et al. Analysis of production data for 2007/2008 mallik gas hydrate production tests in Canada[C]. Society of petroleum engineers - international oil and gas conference and exhibition in China, 2010: 2908-2931.

[8]Cryranoski D. Japanese test coaxes fire form ice [J]. Nature, 2013, 496: 409.

[9]JOGMEC. Gas produced from methane hydrate(provisional)[M]. In: JOGMEC, editor, 2013.

[10]Li J F, Ye J L, Qin X W, et al. The first offshore natural gas hydrate production test in South China Sea[J]. China Geology, 2018, 1: 5-16.

[11]Moridis G J, Collett T S, PooladiDarvish M, et al. Challenges, Uncertainties, and Issues Facing Gas Production From Gas - Hydrate Deposits[J]. SPE Reservoir Evaluation & Engineering, 2011, 14: 76-112.

[12]Mao W L, Mao H K, et al. Hydrogen clusters in clathrate hydrate[J]. Science: 2002, 297: 2247-2249.

[13]Kvenvolden K A. A review of the geochemistry of methane in natural gas hydrate[J]. Organic Geochemistry, 1995, 23: 997-1008.

[14]樊栓狮，刘峰，陈多福．海洋天然气水合物的形成机理探讨[J]. 天然气地球科学：2004, 15(5): 524-530.

[15]魏纳，白睿玲，周守为，等. 碳达峰目标下中国深海天然气水合物开发战略[J]. 天然气工业，2022，42(2)：156－165.

[16]Makogon Y F, Holditch S A, Makogon TY. Natural gas hydrates－a potential energy source for the 21st Century[J]. Journal of Petroleum Science and Engineering, 2007, 56: 14－31.

[17]Makogon Y F. A gas hydrate formation in the gas saturated layers under low temperature[J]. Gazov Promst, 1965, 5: 14－15.

[18]Kurihara M, Narita H. Gas production from methane hydrate reservoirs[C]: Proceedings of the 7th international conference on gas hydrates (ICGH 2011), 2011.

[19]Makogon Y F, Holditch SA, Makogon TF. Proven reserves and basics for development of gas hydrate deposits[J]. Search & Discovery, 2004, 1－3.

[20]Beaudoin Y C, Waite W, Boswell R, et al. Frozen Heat: A UNEP Global Outlook on Methane Gas Hydrates[C]. United Nations Environment Programme, GRID－Arendal. 2014.

[21]Moridis G J, Kowalsky M B, Pruess K. Depressurization－induced gas production from class 1 hydrate deposits[J]. SPE Reservoir Evaluation & Engineering, 2007, 10: 458－481.

[22] Moridis G J, Reagan M T. Strategies for gas production from oceanic class 3 hydrate accumulations[C]. Texas: OTC 18865, 2007 Offshore Technology Conference, 2007.

[23]Moridis G J, Reagan M T. Gas production from oceanic class 2 hydrate accumulations[C]. OTC 18866, 2007 Offshore Technology Conference. 2007. Houston, Texas.

[24]Bonnefoy O, Gruy F, Herri JM. Van der Waals interactions in systems involving gas hydrates [J]. Fluid Phase Equilibria, 2005, 231: 176－187.

[25]Li G, Li X S, Tang L G, et al. Control mechanisms for methane hydrate production by thermal stimulation[C]. Vancouver: Proceedings of the 6th International Conference on Gas Hydrates (ICGH 2008), 2008.

[26]李刚，唐良广，黄冲，等. 热盐水开采天然气水合物的热力学评价[J]. 化工学报，2006，57(9)：2033－2038.

[27]Li X S, Wan L H, Li G, et al. Experimental Investigation into the Production Behavior of Methane Hydrate in Porous Sediment with Hot Brine Stimulation[J]. Industrial & Engineering Chemistry Research, 2008, 47: 9696－9702.

[28]Li G, Li X S, Tang LG, et al. Experimental investigation of production behavior of methane hydrate under ethylene glycol injection in unconsolidated sediment[J]. Energy & Fuels: 2007, 21: 3388－3393.

[29]Kawamura T, Yamamoto Y, Ohtake M, et al. Experimental study on dissociation of hydrate core sample accelerated by thermodynamic inhibitors for gas recovery from natural gas hydrate[C]. Trondheim: The 5th International Conference on Gas Hydrate, 2005.

[30]Kawamura T, Sakamoto Y, Ohtake M, et al. Dissociation behavior of hydrate core sample using

thermodynamic inhibitor[J]. International Journal of Offshore and Polar Engineering, 2006, 16(1): 5-9.

[31] Hiroyuki K, Masaki O, Richard LS, et al. Review of CO_2 - CH_4 clathrate hydrate replacement reaction laboratory studies - Properties and kinetics[J]. Journal of the Taiwan Institute of Chemical Engineers, 2013, 44: 517-537.

[32] Moridis G J, Kowalsky M B, Pruess K. Depressurization - induced gas production from class 1 hydrate deposits[J]. SPE Reservoir Evaluation & Engineering, 2007, 10(5): 458-481.

[33] Kurihara M, Funatsu K, Ouchi H, et al. Investigation On Applicability Of Methane Hydrate Production Methods To Reservoirs With Diverse Characteristics[C]. Norway: Proceedings of the 5th International Conference on Gas Hydrates, 2005, 13-16.

[34] 李刚，李小森，陈琦，等. 南海神狐海域天然气水合物开采数值模拟[J]. 化学学报，2010，68(11)：1083-1092.

[35] 张郁，吴慧杰，李小森，等. 多孔介质中 CH_4 水合物的分解特性[J]. 高等学校化学学报，2010，31(9)：1848-1854.

[36] Chong ZR, Yang SHB, Babu P. Review of natural gas hydrates as an energy resource: Prospects and challenges[J]. Applied Energy, 2016, 162: 1633-1652.

[37] Cranganu C. In - situ thermal stimulation of gas hydrates[J]. Journal of Petroleum Science and Engineering, 2009, 65: 76-80.

[38] Chen Z Y, Feng J C, Li X S, et al. Preparation of warm brine in situ seafloor based on the hydrate process for marine gas hydrate thermal stimulation[J]. Industrial & Engineering Chemistry Research, 2014, 53: 14142-14157.

[39] Ohgaki K, Inoue Y. Proposal for gas storage on the ocean floor using gas hydrate[J]. Kagaku Kogaku Ronbun, 1991, 17: 1053-1055.

[40] Ohgaki K, Takano K, Sangawa H, et al. Methane exploitation by carbon dioxide from gas hydrates - phase equilibria for CO_2 - CH_4 mixed hydrate system[J]. Journal of Chemical Engineering of Japan, 1996, 29: 478-483.

[41] Cranganu C. A method for producing natural gas from gas hydrate deposits[C]. In: Proceedings of the AAPG annual convention, Calgary, Alberta, Canada, 2005.

[42] 刘昌岭，孙建业，等. 天然气水合物试采：从实验模拟到场地实施海洋地质与第四纪地质[J]. 海洋地质与第四纪地质，2017，37(5)：12-21.

[43] Selim M S, Sloan E D. Heat and mass transfer during the dissociation of hydrates in porous media[J]. AICHE Journal, 1989, 35: 1049-1052.

[44] Hong H, PooladiDarvish M. Simulation of Depressurization for Gas Production From Gas Hydrate Reservoirs[J]. Journal of Canadian Petroleum Technology, 2005, 44(11): 66-67.

[45] Konno Y, Masuda Y, Hariguchi Y. Key factors for depressurization - induced gas production

from oceanic methane hydrates[J]. Energy & Fuels, 2010, 24: 1736 – 1744.

[46]Zhao J, Yu T, song Y, et al. Numerical simulation of gas production from hydrate deposits using a single vertical well by depressurization in the Qilian Mountain permafrost, Qinghai – Tibet Plateau, China[J]. Energy, 2013, 52: 308 – 319.

[47]Winters W J, Waite W F, Hutchinson D R, et al. Physical property studies in the USGS GHASTLI laboratory[M]. Fire in the ice: Department of Energy, Office of Fossil Energy, National Energy Technology Laboratory, Methane Hydrate Newsletter, 2005, 6 – 9.

[48]Winters W J, Waite W F, Pecher I A, et al. Comparison of methane gas hydrate formation on physical properties of fine – and coarse – grained sediments[C]. AVancouver: APG Hedberg Conference, 2004.

[49]Riestenberg D, West O, Lee S, et al. Sediment surface effects on methane hydrate formation and dissociation[J]. Marine Geology: 2003, 198(1): 181 – 190.

[50]Tsouris C, Mccallum S, Aaron D, et al. Scale – up of a continuous – jet hydrate reactor for CO_2 ocean sequestration[J]. Aiche Journal, 2007, 53(4): 1017 – 1027.

[51]Taboada S P, Ulrich S, Szymcek P, et al. Multiphase, Micro – dispersion reactor for the continuous production of methane gas hydrate[J]. Industrial & Engineering Chemistry Research, 2009, 48(13): 6448 – 6452.

[52]Schicks J M, Spangenberg E, Giese R, et al. New approaches for the production of hydrocarbons from hydrate bearing sediments[J]. Energies, 2011, 4(1): 151 – 172.

[53]Nagao J. Development of methane hydrate production method – a large – scale laboratory reactor for methane hydrate production tests[J]. Synthesiology, 2012, 5(2): 89 – 97.

[54]李刚. 多孔介质中天然气水合物开采实验与数值模拟研究[D]. 北京: 中国科学院大学, 2011.

[55]王屹. 天然气水合物三维开采实验模拟研究[D]. 北京: 中国科学院大学, 2013.

[56]粟科华, 孙长宇, 李楠, 等. 天然气水合物三维成藏物模拟实验系统的构建与检验[J]. 天然气工业, 2013, 33(12): 173 – 178.

[57]Song Y C, Cheng C X, Zhao J F, et al. Evaluation of gas production from methane hydrates using depressurization, thermal stimulation and combined methods[J]. Applied Energy, 2015, 145: 265 – 277.

[58]Zhao J F, Cheng C, Song, Y C, et al. Heat transfer analysis of methane hydrate sediment dissociation in a closed reactor by a thermal method[J]. Energies, 2012, 5: 1292 – 1308.

[59]Li X S, Zhang Y, Li G, et al. Experimental investigation into the production behavior of methane hydrate in porous sediment by depressurization with a novel three – dimensional cubic hydrate simulator[J]. Energy & Fuels, 2011, 25: 497 – 505.

[60]Sun X, Nanchary N, Mohanty K K. 1 – D modeling of hydrate depressurization in porous media [J]. Transp Porous Media, 2005, 58: 315 – 318.

[61] Haligva C, Linga P, Ripmeester J A, et al. Recovery of methane from a variable – volume bed of silica sand/hydrate by depressurization[J]. Energy & Fuels, 2010, 24: 2947 – 2955.

[62] Heeschen K U, Abendroth S, Priegnitz M, et al. Gas production from methane hydrate: a laboratory simulation of the multistage depressurization test in Mallik, Northwest Territories, Canada[J]. Energy & Fuels, 2016, 30: 6210 – 6219.

[63] Konno Y, Jin Y, Shinjou K, et al. Experimental evaluation of the gas recovery factor of methane hydrate in sandy sediment[J]. RSC Advances, 2014, 4: 51666.

[64] Kim H C, Bishnoi P R, Heidemann R A, et al. Kinetics of methane hydrate decomposition[J]. Chemical Engineering Science, 1987, 42(7): 1645 – 1653.

[65] Makogon Y F. Hydrates of Hydrocarbon [M]. Tulsa, Oklahoma: Penn Well Publishing Company, 1997.

[66] Holder G D, Angert P F. Simulation of gas production from a reservoir containing both gas hydrates and free natural gas [C]. New Orleans: SPE Annual Technical Conference and Exhibition, 1982, 26 – 29.

[67] Jamaluddin A K M, Kalogerakis N, Bishnoi PR. Modelling of decomposition of a synthetic core of methane gas hydrate by coupling intrinsic kinetics with heat transfer rates[J]. Canadian Chemical Engineering, 1989, 67(6): 948 – 954.

[68] Clarke M, Bishnoi P R. Determination of the activation energy and intrinsic rate constant of methane gas hydrate decomposition[J]. Canadian Journal Chemical Engineering, 2001, 79(1): 143 – 147.

[69] Yousif M H, Abass H H, Selim M S, et al. Experimental and theoretical investigation of methane – gas – hydrate dissociation in porous media[J]. SPE Reservoir Engineering, 1991, 6(4): 69 – 76.

[70] Tsypkin G G. Mathematical models of gas hydrates dissociation in porous media[J]. Annals of the New York Academy of Sciences, 2000, 912(1): 428 – 436.

[71] Ji C, Ahmadi G, Smith D H. Natural gas production from hydrate decomposition by depressurization[J]. Chemical Engineering Science, 2001, 56: 5801 – 5814.

[72] Ahmadi G, Ji C, Smith D H. Numerical solution for natural gas production from methane hydrate dissociation[J]. Journal of Petroleum Science and Engineering, 2004, 41(4): 269 – 285.

[73] Sun X F, Mohanty K K. Kinetic simulation of methane hydrate formation and dissociation in porous media[J]. Chemical Engineering Science, 2006, 61: 3476 – 3495.

[74] Oyama H, Konno Y, Masuda Y, et al. Dependence of depressurization induced dissociation of methane hydrate bearing laboratory cores on heat transfer[J]. Energy & Fuels, 2009, 23(10): 4995 – 5002.

[75] Oyama H, Konno Y, Suzuki K, et al. Depressurized dissociation of methane – hydrate – bearing

natural cores with low permeability[J]. Chemical Engineering Science, 2012, 68(1): 595 – 605.

[76] Moridis G J, Kowalsky M B, Pruess K. TOUGH + HYDRATE v1.0 User's Manual: A Code for the Simulation of System Behavior in Hydrate – bearing Geologic Media [M]. Berkeley, California, 2008.

[77] Anderson B J. Kurihara M. White M D, et al. Regional long – term production modeling from a single well test, Mount Elbert Gas Hydrate Stratigraphic Test Well, Alaska North Slope[J]. Marine Petroleum Geology, 2011, 28: 493 – 501.

[78] White M D, Oostrom M. STOMP Subsurface Transport Over Multiple Phase: User's Guide PNNL – 15782 (UC – 2010)[M]. Washington: Pacific Northwest National Laboratory, 2006.

[79] Moridis G J, Kowalsky M B, Pruess K. TOUGH + HYDRATE v1.1 User's Manual: A Code for the Simulation of System Behavior in Hydrate – bearing Geologic Media [M]. Berkeley, California, 2009.

[80] Moridis G J, Collett T S, Dallimore SR. Numerical studies of gas production scenarios from several CH4 – Hydrate accumulations at the Mallik Site, Mackenzie Delta, Canada [R]. Canada, Report LBNL – 50257, Lawrence Berkeley National Laboratory, Berkeley, CA, 2002.

[81] Moridis G J, Kim J, Reagan M T, et al. Feasibility of gas production from a gas hydrate accumulation at the UBGH2 – 6 site of the Ulleung basin in the Korean East Sea[J]. Journal of Petroleum Science and Engineering, 2013, 108: 180 – 210.

[82] Moridis G J. TOUGH + HYDRATE v1.2 User's Manual: A Code for the Simulation of System Behavior in Hydrate – bearing Geologic Media[M]. Berkeley, California, 2014.

[83] Li XS, Yang B, Li G, et al. Numerical simulation of gas production from natural gas hydrate using a single horizontal well by depressurization in qilian mountain permafrost[J]. Industrial & Engineering Chemistry Research, 2012, 51(11): 4424 – 4432.

[84] Kurihara M, Sat A, Ouchi H, et al. Prediction of gas productivity from eastern Nankai Trough methane – hydrate reservoirs[C]. Houston Of: fshore Technology conference 2008, 2008.

[85] Yoshihiro K, Tetsuya F, Akihiko S, et al. Key findings of the world's first offshore methane hydrate production test off the coast of Japan: toward future commercial production[J]. Energy & Fuels, 2017, 31: 2607 – 2616.

[86] Makogon Y F, Omelchenko R Y. Commercial gas production from Messoyakha deposit in hydrate conditions[J]. Journal of Natural Gas Science and Engineering, 2013, 11: 1 – 6.

[87] Hunter R B, Collett T S, Boswel R, et al. Mount Elbert gas hydrate stratigraphic test well, Alaska north slope: overview of scientific and technical program[J]. Marine Petroleum Geology, 2011, 28: 295 – 310.

[88] Collett T, Bahk J J, Frye M, et al. Historical methane hydrate project review[R]. Washington D.C.: Department of Energy, USA, 2013.

[89]Hauge L P, Birkedal K A, Ersland G, et al. Methane production from natural gas hydrates by CO_2 replacement – review of lab experimental and field trial[C]. Bergen The SPE Bergen one day seminar, 2014.

[90]Schoderbek D, Farrell H, Hester K, et al. ConocoPhillips gas hydrate production test final technical report[R]. Houston: United States Department of Energy, 2013.

[91]Winters W J, Dallimore S R, Collett T S, et al. Relation between gas hydrate and physical properties at the Mallik 2L research well in the Mackenzie Delta[J]. Annals of the New York Academy of Sciences, 2006, 912(1): 94 – 100.

[92]Bybee K. Overview of the mallik gas – hydrate production research well[J]. Journal of Petroleum Technology, 2004, 56(4): 53 – 54.

[93]Hunter R B, Collett T S, Boswel R, et al. Mount Elbert gas hydrate stratigraphic test well, Alaska north slope: overview of scientific and technical program[J]. Marine Petroleum Geology, 2011, 28: 295 – 310.

[94]Collett T, Bahk J J, Frye M, et al. Historical methane hydrate project review[R]. USGS, 2013.

[95]Goto T, Kasaya T, Takagi R, et al. Methane hydrate detection with marine electromagnetic surveys: case studies off Japan coast[C]. OCEANS 2009 – EUROPE, Bremen, Germany, 2009(1/2): 167 – 170.

[96]周守为，赵金洲，李清平．全球首次海洋天然气水合物固态流化试采工程参数优化设计[J]．天然气工业，2017，37(9)：12 – 13.

[97]吴能友，黄丽，胡高伟，等．海域天然气水合物开采的地质控制因素和科学挑战[J]．海洋地质与第四纪地质，2017，37(5)：1 – 11.

[98]Zhang H Q, Yang S X, Wu N Y, et al. Successful and surprising results for China's first gas hydrate drilling expedition[M]. Fire in the ice: methane hydrate newsletter. 2007, 6 – 9.

[99]Li B, Li XS, Li G, et al. Depressurization induced gas production from hydrate deposits with low gas saturation in a pilot – scale hydrate simulator[J]. Applied Energy, 2014, 129: 274 – 286.

[100]冯景春．砂质水合物藏降压联合注热开采的优化研究[D]．北京：中国科学院大学，2016.

[101]Li X S, Zhang Y, Li G, et al. Gas hydrate equilibrium dissociation conditions in porous media using two thermodynamic approaches[J]. Journal of Chemical Thermodynamics, 40(9), 1464 – 1474.

[102]黄犊子，樊栓狮．CH_4 水合物在静态体系中生成反应的促进[J]．化学通报，2005，68(5)：379 – 384.

[103]Zhou X T, Fan S S, Liang D Q, et al. Use of electrical resistance to detect the formation and decomposition of methane hydrate[J]. Journal of Natural Gas Chemistry, 2007, 16(4): 399 – 403.

[104]Heeschen K U, Abendroth S, Priegnitz M, et al. Gas Production from methane hydrate: a

laboratory simulation of the multistage depressurization test in Mallik, Northwest Territories, Canada[J]. Energy & Fuels, 2016, 30(8): 6b00297.

[105] Zhou M L, Soga K, Xu E, et al. Numerical Study on Eastern Nankai Trough gas Hydrate Production Test[C]. Houston: Offshore Technology Conference, 2014, 25169.

[106] Oyama H, Konno Y, Masuda Y, et al. Dependence of Depressurization – induced dissociation of methane hydrate bearing laboratory cores on heat transfer[J]. Energy & Fuels, 2009, 23: 4995 – 5002.

[107] Gerami S, Pooladi – Darvish M. Predicting gas generation by depressurization of gas hydrates where the sharp – interface assumption is not valid[J]. Journal of Petroleum Science & Engineering, 2007, 56: 146 – 164.

[108] Oyama H, Konno Y, Suzuki K, et al. Depressurized dissociation of methane hydrate bearing natural cores with low permeability[J]. Chemical Engineering Science, 2012, 68: 595 – 605.

[109] Nair V C, Prasad S K, Kumar R, et al. Energy recovery from simulated clayey gas hydrate reservoir using depressurization by constant rate gas release, thermal stimulation and their combinations[J]. Applied Energy, 2018, 225: 755 – 768.

[110] Zhao J, Fan Z, Dong H. Influence of reservoir permeability on methane hydrate dissociation by depressurization[J]. International Journal of Heat and Mass Transfer, 2016, 103: 265 – 276.

[111] Yang L, Falenty A, Chaouachi M, et al. Synchrotron X – ray computed microtomography study on gas hydrate decomposition in a sedimentary matrix[J]. Geochemistry, Geophysics, Geosystems, 2016, 17(9): 3717 – 3732.

[112] Uchida S, Klar A, Charas Z, et al. Thermo – hydro – mechanical sand production model in hydrate – bearing sediments[C]. Switzerland: International Workshop on Geomechanics and Energy – The Ground as Energy Source and Storage Lausanne, 2013.

[113] Wang Y, Feng J C, Li X S, et al. Fluid flow mechanisms and heat transfer characteristics of gas recovery from gas – saturated and water – saturated hydrate reservoirs[J]. International Journal of Heat and Mass Transfer, 2018, 118: 1115 – 1127.

[114] 葛家理. 现代油藏渗流力学原理[M]. 北京：石油工业出版社，2001，45 – 46.

[115] 李登伟，张烈辉，周克明，等. 可视化微观孔隙模型中气水两相渗流机理[J]. 中国石油大学学报：自然科学版，2008，32(3)：80 – 83.

[116] 朱华银，周娟，万玉金，等. 多孔介质中气水渗流的微观机理研究[J]. 石油实验地质：2004，26(6)：571 – 573.

[117] 胡高伟，吴能友，等. 神狐海域 W18/19 站位天然气水合物上覆层不排水抗剪强度预测[J]. 海洋地质与第四纪地质，2017，5：155 – 162.

[118] Chen F, Zhou Y, Su X, et al. Gas hydrate saturation and its relation with grain size of the hydrate – bearing sediments in the Shenhu Area of northern South China Sea[J]. Marine

Geology & Quaternary Geology, 2011, 31: 95 – 100.

[119] Genuchten M T V. A closed – form equation for predicting the hydraulic conductivity of unsaturated soils. [J]. Soil Science Society of America Journal, 1980, 44(44): 892 – 898.

[120] Stone H L. Probability Model for Estimating Three – Phase Relative Permeability[J]. Journal of Petroleum Technology, 22(2): 214 – 218.

[121] Chen L, Feng Y, Okajima J, et al. Production behavior and numerical analysis for 2017 methane hydrate extraction test of Shenhu, South China Sea[J]. Journal of Natural Gas Science & Engineering, 2018, 53.

[122] Lamorena R B, Kyung D, Lee W. Effect of organic matters on CO_2 hydrate formation in Ulleung Basin sediment suspensions[J]. Environmental Science & Technology, 2011, 45(14): 6196 – 6203.

[123] Ren H, Jian S G, Lu H F, et al. Restoration of mangrove plantations and colonisation by native species in Leizhou bay, South China[J]. Ecological Research, 2008, 23(2): 401 – 407.

[124] Zhang Y, Li X S, Wang Y, et al. Decomposition conditions of methane hydrate in marine sediments from South China Sea[J]. Fluid Phase Equilibria, 2016, 413: 110 – 115.

[125] Lafond P G, Olcott K A, Sloan ED, et al. Measurements of methane hydrate equilibrium in systems inhibited with NaCl and methanol[J]. Journal of Chemical Thermodynamics, 2012, 48: 1 – 6.

[126] Sabil K M, Nashed O, Lal B, et al. Experimental investigation on the dissociation conditions of methane hydrate in the presence of imidazolium – based ionic liquids[J]. Journal of Chemical Thermodynamics, 2015, 84: 7 – 13.

[127] Bavoh C B, Partoon B, Lal B. Methane hydrate – liquid – vapour – equilibrium phase condition measurements in the presence of natural amino acids[J]. Journal of Natural Gas Science and Engineering, 2017, 37: 425 – 434.

[128] Sun S C, Kong Y Y, Zhang Y, et al. Phase equilibrium of methane hydrate in silica sand containing chloride salt solution[J]. Journal of Chemical Thermodynamics, 2015, 90: 116 – 121.

[129] Yasuda K, Ohmura R. Phase equilibrium for clathrate hydrates formed with methane, ethane, propane, or carbon dioxide at temperatures below the freezing point of water[J]. Journal of Chemical & Engineering Data, 2008, 53: 2182 – 2188.

[130] Partoon B N, Wong M S, Sabil K M, et al. A study on thermodynamics effect of [EMIM] – Cl and [OH – C2MIM] – Cl on methane hydrate equilibrium line[J]. Fluid Phase Equilib, 2013b, 337: 26 – 31.

[131] Qi Y, Wu W, Liu Y, et al. The influence of NaCl ions on hydrate structure and thermodynamic equilibrium conditions of gas hydrates[J]. Fluid Phase Equilibria, 2012, 325: 6 – 10.

[132] Xu P, Lang X M, Fan S H, et al. Molecular dynamics simulation of methane hydrate growth in the

presence of the natural product pectin[J]. Journal of Physical Chemistry C, 2016, 120: 5392 – 5397.

[133] Dholabhai P D, Englezos P, Kalogerakis N, et al. Equilibrium conditions for methane hydrate formation in aqueous mixed electrolyte solutions[J]. Canadian Journal of Chemical Engineering, 1991, 69: 800 – 805.

[134] Uchida T, Takeya S, Chuvilin E M, et al. Decomposition of methane hydrates in sand, sandstone, clays, and glass beads[J]. Journal of Geophysical Research, 2004, 109: B05206.

[135] Sloan E D, Koh C A. Clathrate hydrates of natural gases[M]. 3nd ed. Taylor & Francis CRC Press: Boca Raton, FL, 2007.

[136] Mech D, Sangwai J S. Phase stability of hydrates of methane in tetrahydrofuran aqueous solution and the effect of salt[J]. Journal of Chemical & Engineering Data, 2014, 59: 3932 – 3937.

[137] Sun S C, Zhao J, Yu D J. Dissociation enthalpy of methane hydrate in salt solution[J]. Fluid Phase Equilib, 2018, 456: 92 – 97.

[138] Seshadri K, Wilder J W, Smith D H. Measurements of equilibrium pressures and temperatures for propane hydrate in silica gels with different pore – size distributions[J]. Journal of Physical Chemistry B, 2001, 105, 2627 – 2631.

[139] Mech D, Pandey G, Sangwai J S. Effect of molecular weight of polyethylene glycol on the equilibrium dissociation pressures of methane hydrate system[J]. Journal of Chemical & Engineering Data, 2015, 60: 1878 – 1885.

[140] Chong Z R, Koh J W, Linga P. Effect of KCl and $MgCl_2$ on the kinetics of methane hydrate formation and dissociation in sandy sediments[J]. Energy, 2017, 137: 518 – 529.

[141] Smith J M H, Van Ness H C, Abbott MM. Introduction to chemical engineering thermodynamics [C]. New York: MCGRAW – HILL, 1959, 27(2): 62 – 70.

[142] Schaumann G E. Reprint of: Molecular modeling of soil organic matter: squaring the circle? [J]. Thiele – Bruhn, S. Geoderma, 2011, 166(1): 1 – 14.

[143] Chong Z R, Chan A H M, Babu P, et al. Effect of NaCl on methane hydrate formation and dissociation in porous media[J]. Journal of Natural Gas Science and Engineering, 2015, 27: 178 – 189.

[144] Ji H Q, Chen D Y, Zhao C, et al. Molecular dynamics simulation of methane hydrate formation and dissociation in the clay pores with fatty acids[J]. Journal of Physical Chemistry C, 2018, 122(2): 1318 – 1325.

[145] Sparks D L. Environmental soil chemistry. Environmental Soil Chemistry, 2nd ed. California: Academic Press, 2003.